国粹图典

建 筑

读图时代

国粹图典 建筑

宋 文 编著

中国画报出版社·北京

图书在版编目（ＣＩＰ）数据

建筑 / 宋文编著. -- 北京 ：中国画报出版社，
2016.9
　（国粹图典）
　ISBN 978-7-5146-1361-2

　Ⅰ．①建… Ⅱ．①宋… Ⅲ．①古建筑－建筑艺术－中
国－图集 Ⅳ．①TU-092.2

　中国版本图书馆CIP数据核字 (2016) 第224510号

国粹图典：建筑

宋文 编著

出　版　人：于九涛

责任编辑：郭翠青

助理编辑：魏姗姗

责任印制：焦　洋

出版发行：中国画报出版社

　　　　（中国北京市海淀区车公庄西路33号　　邮编：100048）

开　　本：16开（787mm×1092mm）

印　　张：11.25

字　　数：190千字

版　　次：2016年9月第1版　　　2016年9月第1次印刷

印　　刷：北京博海升彩色印刷有限公司

定　　价：35.00元

总编室兼传真：010-88417359　　版权部：010-88417359

发行部：010-68469781　　010-68414683（传真）

前言

　　中国传统建筑是指从先秦到 19 世纪中叶的建筑，是一个独立形成的建筑体系经过了漫长的历史过程，是数千年来中华民族经过实践逐渐形成的特色文化之一，也是中国各个时期的劳动人民创造和智慧的积累。

　　中国传统建筑并不是一成不变的，各种类型的建筑在不同的时期，随着建筑材料和建筑技术的改进，都会有不同的变化，这些变化又与各个时期政治、经济、文化、审美等意识形态密切相关。从建筑形态上看，中国的建筑大体可分为城墙、宫殿、礼制坛庙、园林、民居、陵墓、寺庙、道观、塔、牌坊、桥梁等几大类型。这些建筑类别大多结构奇巧、装饰精美，形成了自己的独特形态和风格。

　　本书通过回顾中国传统建筑历史及其发展过程，对传统建筑中常见的建筑形态做了详细介绍，并配以大量图片进行解说，以帮助读者更加直观、具体地了解中国传统建筑的各个方面。

目录

一

祖先的栖身之所

　　原始人的栖身之所，以巢居和穴居为主。《韩非子·五蠹》中记载：
"上古之世，人民少而禽兽众，人民不胜禽兽虫蛇，有圣人作，构木为巢，
以避群害。"巢居主要集中在气候潮湿的长江流域。穴居则主要集中在
黄河流域。

巢居

《庄子·盗跖》中说："古者禽兽多而人少，于是民皆巢居以避之，昼拾橡栗，暮栖木上，故命之曰有巢氏之民。"这里所说的"巢居"，指原始人为了躲避禽兽的攻击，仿照鸟巢的样子在树上搭巢，原始人就住在巢里。巢居是原始人为了躲避毒蛇猛兽的侵袭，发明的"构木为巢"的居住模式。传说发明"构木为巢"的圣人就是远古神话传说中的人物有巢氏。巢居除了历史文献中的记载之外，在现代考古发掘中，也已经得到证实。

从目前的考古发现可知，巢居主要出现在长江流域。长江流域气候温暖、湿润，适合林木的生长，另外一方面，广袤的森林中有不少猛兽出没，巢居的出现与发展，是原始人适应环境的一大创造。

原始人刚学会"构木为巢"时，只是在粗壮的树木原有枝杈的基础上，搭建成巢。随着技术的不断提高，原始人对"巢居"又有了更高的要求，比如说扩大巢居内的居住空间，从在一棵树上建巢，发展到将几棵树连起来建巢。之后，随着林木的减少以及其他自然条件的变化，人们开始在地面上仿"巢居"建造早期干栏式建筑。早期的干栏式建筑是在地面上用木桩或木柱支撑起的构架建筑，建筑的底层被架空。早在7000年前，河姆渡人就开始建造用木榫卯连接的干栏式建筑。

半坡圈栏复原图

穴居

《易经·系辞》记载："上古穴居而野处。"穴居是生活在黄河流域的原始人的居住方式，从已发掘出土的实物推测，早在70万年到20万年前，原始人就已经穴居。原始人最早的住所是天然形成的山洞，如早期人类活动的北京周口店遗址就有原始人在洞穴中生活的证明。

天然洞穴不一定能满足人类对住所舒适度的需求，于是原始人在长期实践中，尝试动手挖掘更适宜居住的洞穴。人工挖掘洞穴，大约在旧石器时代晚期出现。进入氏族社会后，人工洞穴成为黄河流域的主要居住模式。人工洞穴较为常见的有两种，即横穴和竖穴，这两种洞穴形式可能同时出现，又因所处环境的不同而交错发展。横穴是指在坡形崖壁上开凿出的洞穴，很少有其他的附属设置。河北省邯郸市的磁县下七垣古文化遗址中，就发掘出一处横向穴居。此外，在一些古书中也有关于横穴的记载，如孔颖达疏《礼记》中说："地高则穴于地，地下则窟于地上……"

竖穴在新石器时代较为普遍，与横穴相比，竖穴有了附属设置。早期的人工穴居剖面多呈喇叭口形，平面多呈圆形或椭圆形。距今约七八千年前河北省武安磁山遗址内，竖穴较为常见。从目前已发掘出来的遗址中发现，这些竖穴的形式包括圆形穴、椭圆形穴以及筒形半穴居。从穴居外部遗存的构件看，穴居的顶部还有圆锥形穴顶。这些人工洞穴形制较为简陋，空间较为窄小，内部多不加修整。

原始部落生活场景模拟图

　　仰韶文化是黄河中游地区新石器时代文化的代表，1921年在河南省三门峡市渑池县仰韶村被发现。仰韶文化距今约7000年到5000年，分布在整个黄河中游，即甘肃省和河南省之间。

　　仰韶文化是一个以农业为主的氏族社会，其村落大多分布在河流两岸的台地上，或者是两河交汇处比较平坦的地方。遗址内的村落大小不等，比较大的村落内的房屋布局较为统一，村落周围有壕沟，能起到防御作用。

　　属于仰韶文化的西安东郊半坡遗址，距今约6000多年。从半坡遗址发掘出的房屋遗址来看，这些住房都是半穴居的方式，平面多呈方形或圆形。方形房屋多是直接在地面上挖出半米多的浅穴，壁上用草泥抹平，室内地面也用草泥或土抹平。壁上修有台阶通到地面。壁体内有排列整齐的木柱，用来支撑屋顶，屋顶有用檩木构成的人字形屋顶，顶上用草泥或树叶混在泥中覆盖。

　　圆形房屋一般建在地面上，柱与柱之间排列紧密，构成壁体，房屋中间或接近门口的地方有一个弧形的灶坑，用来煮食物或取暖，穴壁和地面用草泥抹平。除居所外，还设有储藏物品的仓库以及饲养禽畜的牲畜圈。这些建筑，后来逐渐演变为地上建造的简易房屋。从仰韶文化遗址来看，新石器时代的人类居住条件已经得到很大改善。在居住区的外面还有起到防护作用的壕堑。

两面坡式屋顶

开在中央的房门　　　　用柱子构成的壁体

西安半坡遗址圆形民居复原示意图

有的房屋在门内两侧设有短墙，可以保证室内的温度

圆形房屋墙面一般用草泥抹平，使墙面看起来较为整洁

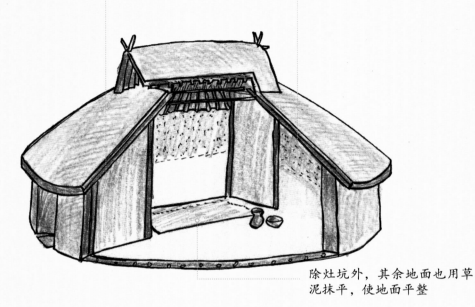

除灶坑外，其余地面也用草泥抹平，使地面平整

西安半坡遗址圆形民居剖面示意图

用来煮食物或取暖的灶坑

门内两侧的短墙

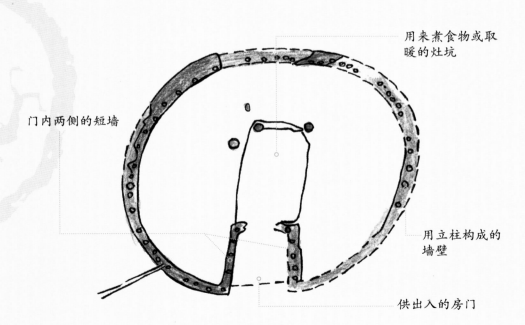

用立柱构成的墙壁

供出入的房门

西安半坡遗址圆形民居遗址俯视示意图

龙山文化的建筑

  龙山文化属于新石器时代晚期文化，距今约 4350 年至 3950 年前，主要分布在我国黄河中下游地区，包括陕西、山西、河南、山东等省份。龙山文化时期建筑的平面布置和构造都发生了一些变化。龙山文化遗址内，早期的建筑有方形半地穴式房屋、圆形半地穴式房屋，也有袋状半地穴式房屋。穴内有柱，以撑起屋顶。稍晚时期的遗址内的房屋，多为圆形平面的半地穴式房屋，面积比之前的房屋有所缩小，以适应小家庭生活的需要。室内地面稍低，屋子正中设有一个圆形的灶，也有的房屋在灶南面设一段白灰抹地，应该是进门时的走道。

龙山文化玉神人

二

历代建筑特点

　　甲骨文中关于住宅的文字包括家、宅、宫、宗、囿等，这些文字几乎包含后世建筑的几大类型。这些建筑在不同的时期，随着建筑材料和建筑技术的更新，都会有不同的变化，不过这是一个渐变的过程。受各个时期政治、经济、文化等因素影响，同类型建筑在不同的时期也体现出不同的风格。

图国典粹

建筑

家的本义是指住所。"家"字上为"宀"，表示与室有关，下面是"豕"，即小猪。据说远古时代，人们多在屋子里养猪，"家"就由此而来。甲骨文中有不少关于建筑的文字，根据这些字型推测，商朝人们居住的房屋有的建在台基之上，有的为干栏式住宅。地位较高或比较富有的人，多在高台上建造房屋。这些房屋平面呈长方形，墙体为版筑墙和夯土地基（"版筑墙"是一种夯土墙，其做法是在固定的两木板之间填上泥土，用木杵或者石杵夯实，然后再添土夯实，反复筑成墙体），墙体很少装饰。平民或奴隶仍然居住在呈长方形的半地穴房屋中。根据已知的甲骨文"席"、"宿"等字可知，当时室内多铺席，家具有床、案、俎等。

周朝百姓居住的房屋，墙面仍是夯土筑成，墙面和屋内的地面涂抹白灰、土等混合成的泥土，屋顶是用立柱和横梁组成的框架，横梁上支持檩和椽。从商朝甲骨文字形来看，商朝有部分房屋的屋脊已使用高耸的装饰构件。

最早的"家"、"席"、"宿"字

家
楷书

甲骨文"家"字的几种写法

席
楷书

甲骨文中的"席"字

宿
楷书

甲骨文中的"宿"字

檩

　　檩又称"栋""桁"，是屋顶木结构中开间方向的承重构件，用于架跨在房梁上起托住椽子或屋面作用的小梁。随着中国古代建筑的发展，根据所在位置的不同，分为脊檩、金檩、檐檩等。

脊枋
脊枋是清代建筑构架出现的名称，指脊柱和脊柱之间的枋

脊檩
是屋脊骨架上最上面的檩

金檩
在脊檩和檐檩之间的位置

三架梁（单步梁）
梁是中国古建筑的主要构件，指木架构承托上部构架及屋面重量的部分，梁有不同的名称。上面托住三条檩的梁称三架梁

五架梁
（双步梁）

瓜柱

金枋
枋指搭在梁头和梁头之下，以及柱头之间的横木。金枋则是金柱之间的枋

椽

　　椽俗称"椽子"，是指按间隔相等的距离铺设在屋顶坡面檩上的细木条，也是屋顶坡面的骨架。椽子的断面一般为圆形、方形或扁方形。最早的建筑，屋顶多铺设草泥、树枝等，后来有的屋顶铺设稻草、秸秆或薄木板。瓦发明以后，多在草泥上铺瓦，也有的直接在椽上铺瓦。

大约在西周初期，瓦开始用于屋顶，瓦的出现解决了屋顶防水的问题。从陕西省扶风岐山遗址的发掘来看，当时的瓦仅用于屋脊部分，但使用的范围并不广，大约仅限于规格较高的建筑。这一时期的瓦除板瓦、筒瓦外，还出现了用于装饰檐口的瓦当。岐山周原遗址就发现了不少瓦当，不过这一时期的瓦当主要是素纹半圆形，称"半规瓦"。春秋早期，瓦的使用范围并不广。《春秋》中记载，鲁隐公八年（前715），"秋七月庚午，宋公、齐侯、卫侯盟于瓦屋"。这里会盟的地点仅仅记载为"瓦屋"，可见屋顶覆瓦的建筑并不多。春秋中期及以后，瓦的使用开始普遍，战国时期，一般百姓的住宅也开始使用瓦。

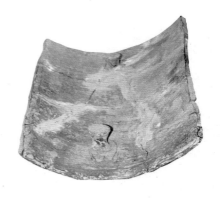

陕西省扶风岐山周原遗址出土的板瓦

瓦是陶制的屋顶建筑材料，早期的瓦为青瓦，制作瓦的主要原料为黏土。早期青瓦的两种主要形式为板瓦和筒瓦。板瓦是指有一定弧度但看起来比较平整的瓦，瓦的长度比宽度略大一些，较宽的一头被称为大头。铺瓦时要大头朝下

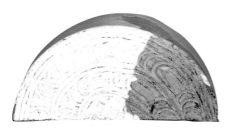

半圆重环纹瓦当（西周）

瓦当是指筒瓦顶端有下垂的部分，又称瓦头。瓦当是中国传统建筑中的重要构件，瓦面上多装饰有精美的纹样。瓦当常见的是圆形和半圆形两种形式

筒瓦（西周）

筒瓦的弧度比板瓦要大，呈半圆形，尾部有雄头，便于筒瓦前后搭接。据推测，筒瓦的出现比板瓦要晚，且普通百姓的住房只能使用板瓦，只有贵族的住宅才能使用筒瓦

春秋时期，我国出现了对建筑及其周围环境的整体理论，并对建筑有着相当成熟的规划。《周礼》对居室的大小、布局、建筑规格等都有记载。士大夫的居所，除了用来起居的寝室外，还有专门招待客人的堂。这一时期，对居室内的装饰也开始受到重视。大约在春秋至战国时期，瓦当除了原来的以半圆形为主之外，还出现了圆形瓦当。瓦当上装饰有各种精美的纹样，如夔龙纹、夔凤纹、鹿纹等，装饰性增强。

历代建筑特点

青砖砌墙面

砖是指用黏土烧制而成的建筑材料，分方形和长形两种。春秋时期砖已经出现，但作为建筑材料使用始于秦。砖分红砖和青砖两种。明代之前，以青砖最为常见

圆形云纹瓦当（战国）

秦代在民居建筑方面并没有太大的发展，普通百姓的住宅大多沿用战国时期的建筑体制，多为夯土墙，木架构，屋顶覆瓦。秦代砖大量出现，不过仅限宫殿等高规格建筑使用。

西汉百姓住宅平面多为方形或长方形，屋门开在房屋偏一边或是正中。规模较大的居室分门、堂及其附属建筑。墙壁以夯土建筑为主，构架以木结构为主。屋顶大多使用青瓦，为了采光和通风，墙面上设窗，但窗大多为固定式，不能开启。东汉时期，斗栱逐渐成熟，使用范围扩大，窗户也可以自由开启。汉代时的民居较为朴素，很少有装饰。在民居院落中，多种植树木，养家禽。

河北省灵寿古城建筑构件（战国）

斗栱又称为"斗科",是中国传统建筑特有的建筑构件,由许多小构件组成,各小构件之间用榫卯连接组成,其作用是加大房檐以传递屋顶的负荷,减少跨度。斗栱一般用于贵族及士大夫建筑,平民百姓的住宅一般较少使用斗栱。斗栱的外观和结构不同,按照使用位置的不同,可分外檐使用的外檐斗栱和室内使用的室内斗栱;按安装位置的不同,可分为柱头科(用于柱头)、平身科(用于柱间额枋)、角科(用于屋角柱头)三种。

悬山屋顶干栏式铜屋(西汉)

铜屋为悬山式屋顶,大门设在正中,墙上不设窗。因为是干栏式住宅,所以门前设走廊,廊前围有栏杆

悬山式屋顶

悬山式又称"挑山式双面坡屋顶",即屋前后两面都有坡,屋顶悬在山墙或山面屋架的外面,形成出檐,以保护墙内的木结构和墙体。悬山式屋顶一般由一条正脊和四条垂脊构成,也有无正脊的卷棚悬山式。悬山屋顶也是中国民居建筑中最常见的形式

两汉供贵族居住的居所，多以堂为主建筑，堂后有供起居的房屋，有的修建有后堂，用来专门招待客人饮食和娱乐。除了供主人起居的房屋之外，一般多设有车房、厨房、库房等附属建筑。

从东汉到三国时期的房屋，开始重视利用屋顶的形式和瓦进行装饰，屋顶形式以悬山式和庑殿式最为常见。庑殿式屋顶在古代最常用于高级别的建筑，如帝王宫殿、坛庙等，在普通住宅中较为少见。门上多饰以门簪，门扇饰以辅首。这一时期的窗常见的是直棂窗，也有的在窗上装饰有其他花纹。有的屋脊开始使用动物图案进行装饰。

"舂米"画像砖（东汉）

画像砖上的建筑为悬山式屋顶，屋顶覆有瓦，大门开在正面墙上的中间部分

直棂窗

窗子是安装在建筑物上用来采光、换气的构件。人类最早使用的窗，是指安装在地穴顶上的"囱"。建筑转移到地面上之后，为了采光、换气，在墙上开洞，叫"牖"。直棂窗是指攒框加棂格而成的窗户，因其用多根直棂条而得名。直棂窗棂格较密，除可以采光通气外，还能起到一定的防护作用

两晋南北朝时期，因为战乱不断，建筑最先考虑的是安全性，这一时期住宅外多设有封闭式围墙。此外，随着佛教在民间的影响逐渐加大，一些与佛教相关的装饰纹样开始被应用到建筑装饰中，如莲花纹等。同时，两晋名人雅士推崇道教，一些与道教相关的纹饰也被应用于建筑装饰，如八卦纹等。

这一时期贵族住宅的规模一般较大，住宅往往使用庑殿式屋顶，屋脊上多装饰鸱尾，房屋的墙壁上多设有直棂窗，窗上悬挂布帘和帷幕，用来遮挡视线。

**图国
典粹**

**建
筑**

陶制楼庑殿式屋顶（西汉）

庑殿式屋顶为四面斜坡，正中有一条正脊，四角上各有一条垂脊，共有五脊，古又被称为"五脊殿"，俗称"吴殿"。西汉时期两层居室建筑有庑殿式屋顶。大约明清之前，有贵族住宅使用庑殿式屋顶，明清时等级制度更加严格，普通住宅中很少使用庑殿式屋顶

鸱尾

鸱尾又叫"鸱吻""正吻"，是传统建筑正脊两端的建筑构件，其作用是使屋脊木构件的榫卯结构更加紧密。古代工匠通常将其塑造成传说中的神兽鸱吻的样子。鸱吻是龙子之一，龙头鱼尾，寓意躲避火灾、保护家宅。南北朝时期北齐颜之推《颜氏家训·书证》中有这样一段话："或问曰：'《东宫旧事》何以呼鸱尾为祠尾？'答曰：'张敞者，吴人，不甚稽古，随宜记注，逐乡俗讹谬，造作书字耳。吴人呼祠祀为鸱祀，故以祠代鸱字。'"这是较早的关于鸱尾的记载。鸱尾在唐以前，可用于贵族、士大夫以及平民所居住的房屋。但中唐以后，鸱尾突出了吻的形状，改称"鸱吻""龙吻"等，并规定鸱吻、龙吻只能用于帝王使用的宫殿建筑，士大夫及平民的住宅只能使用鸱尾。

灰陶鸱尾（西夏）

隋、唐、五代的住宅没有实物遗留下来，根据保存下来的文献和书画可知，这一时期贵族住宅的大门多采用乌头门的形式。唐代时盛行直棂窗，一些装饰性较强的窗出现了。宋代砖大量使用，住宅逐渐开始以砖木为结构的房屋，并比唐代更加注重建筑的装饰。北宋曾有规定，除宫殿、官员住宅和寺庙道观外，不得使用斗栱、藻井，不得用彩绘装饰梁枋，不过有不少人并不遵守这一规定。

隋、唐至五代，依然保留着席地而坐的风气，但是带腿的桌、椅已经被广泛使用。室内的装饰逐渐发生变化，人们开始重视家具在居室内的摆放布置。

五代时期，室内家具陈设发生变化：床的高度增加，床上加上顶，周围装有矮屏，与榻的区别增大。图中就有这种类似于榻的家具

《韩熙载夜宴图》[局部]顾闳中
（五代·南唐）

中国古代多席地而坐，唐朝时已出现"椅"这一称呼。与椅子相配的带腿的家具如桌子等逐渐流行。五代至宋，高坐具已相当普及，椅子的形式发生变化，出现了靠背椅、扶手椅、圈椅等

乌头门

乌头门为两立柱一横枋构成的门，柱头染成黑色。《册府元龟》中描述当时的乌头门说："柱相去一丈，柱端安瓦筒，墨染，号头染。"乌头门在宋代是一种规格较高的建筑，据《宋史》记载："六品以上乃用乌头门"。此外，在宋代官方编著的《营造法式》中也有关于乌头门的记载。

藻井

藻井是传统建筑顶棚装饰的一种手法，形状多样，有四方形、圆形、八角形等，也有的将几种形状融为一体，层层叠落，富有层次感。宋代对普通住宅使用藻井有限制，但是仍有不少人用藻井装饰。明清之后，藻井成为宫殿、寺庙及皇家园林中专用的结构。

八角形藻井

《清明上河图》[局部] 张择端（北宋）

此图描绘了当时汴梁（今河南开封）郊区的建筑，这些建筑构造相对简单，以茅草覆屋顶，也有的是瓦面屋顶

宋代农村的住宅一般比较简陋，有的是茅草屋，即泥土夯墙、木结构、椽上覆盖草泥，有的是茅草屋和瓦屋的结合。南宋时期的建筑与北宋大致相同。

辽、金的建筑承袭唐代的建筑风格，保留了不少唐代建筑的特点，整体体现简朴、浑厚的特点，同时又受宋建筑影响，逐渐重视对建筑细节的装饰。元代建筑没有太大发展，大部分建筑相当粗糙。

明清的住宅各个地区体现出不同的风格，除西北地区仍有窑洞式住宅外，其他地方多为砖木结构院落式住宅。

北方住宅以北京四合院为代表，建筑布局严格遵循封建宗法制度。四合院

硬山式屋顶

硬山式屋顶是双面坡屋顶，屋面上有一条正脊和四条垂脊，又称"挑山""出山"。两侧山墙同屋面相交，或齐平，或略高于屋面，屋顶不悬出于山墙之外，将栋木梁架全部封砌在山墙里面。山墙大多采用砖石承重，墙头有各种形式。

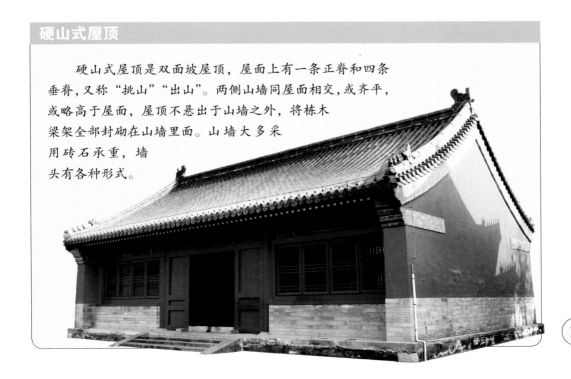

卷棚式屋顶

卷棚式屋顶是北方民居较为常见的屋顶形式，为双面坡式屋顶，屋顶前后两坡相交之处是正脊，但卷棚顶不采用正脊做法，而是用筒瓦做成弧线形曲面，称"元宝脊"，又称"罗锅脊"。根据两侧山墙的不同，卷棚式屋顶又可分为卷棚悬山式屋顶、卷棚硬山式屋顶和卷棚歇山式屋顶

建筑房屋一般为抬梁式构架，屋顶以硬山式、卷棚式最为常见。一般住宅以灰墙为主，在大门、屋脊等处多有雕饰及彩绘。地面铺方砖，室内用罩、槅扇等分隔空间。

江南地区的住宅，以封闭式住宅较为常见，住宅按照中轴线依次布局。用来居住的建筑多为二层。房屋前后有窗，便于通风。江南的住宅以穿斗式木结构较为常见，也有的穿斗式结构与抬梁式结构混合。屋内可用罩、槅扇等分隔空间。

"宅"有居所、居处的意思，《康熙字典》中曰："宅，择也，择吉处而营之也。"这里所说的"宅"包括住宅的建筑布局和住宅基址的选择。

夏商因为年代久远，关于住宅的记载少之又少。根据甲骨文的字形可知，商朝已出现"宅"。从已发掘的商朝遗址来看，这一时期供平民和奴隶居住的住宅平面除多为长方形半地穴外，还包括方形、长方形、圆形及不规则平面的穴居。建在地面上的夯土房屋，平面多呈长方形。

约成书于春秋战国时期的《周礼·考工记》中有周朝都城制度的记载，

据此可知那时的住宅多根据都城的划分来整体规划布局。根据《仪礼》中的记载推测，春秋时期士大夫的住宅前部设三间阔的门楼，中央开门，左右次间为塾，门内有院。次为接见宾客和举行典礼的堂，堂左右有厢房，堂后有寝室。门与堂的布局，一直沿用到汉初。这一推测与陕西省凤雏岐山遗址的发掘相吻合。春秋时期士大夫的住宅规模有统一规划，不能逾越。《国语·鲁语》中记载，孟文子是鲁国有名的文人，鲁文公曾想扩建孟文子的住宅，不过却因违背礼制只能作罢。春秋至战国期间，城市里出现坊、市，居民的住宅则分布在闾里。

最早的宅字

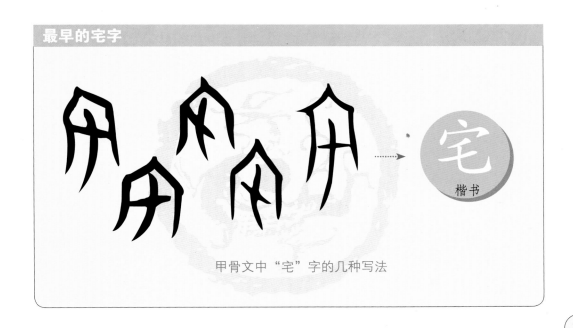

甲骨文中"宅"字的几种写法

楷书

图国
典粹

建筑

　　大门是住宅的出入口，设在院墙门洞或门楼下。传统建筑大门大多用坚固、结实、厚重的木材制成，一般为实板门，可以起到保护住宅和遮挡的作用。大门和门柱之间有门框。传统建筑大门和门楼分很多种，包括实榻大门、棋盘门、屋宇式大门、金柱大门楼、如意门楼、蛮子门楼等。

◀ 实榻大门

　　实榻大门是用厚木板加穿带制成的大门，用料厚重，厚板之间拼缝严密，后面的穿带正好与门钉的路数位置重合，门钉将木板与穿带紧钉在一起，非常结实。实榻大门除用于住宅的大门外，还可用作衙署大门、宫门、王府门等

棋盘门 ▶

　　棋盘门是板式大门的一种，又称"攒边门"。门表面平整，因采用宽大厚重的框架结构制成，大门里面可见数根穿带(起加固作用)呈方形排列，形状如同棋盘，故称棋盘门。棋盘门除用于大门外，也可用作房门、墙门等

◀ 金柱大门楼

　　金柱大门楼是北京四合院大门常见的一种，其门扇安装在中柱和外檐柱之间的外金柱的位置上，因此门扇外面的过道浅，里面的过道深

蛮子门楼 ➡

　　蛮子门楼是北京四合院中较为常见的大门楼形式之一，门扇装在靠外边的门檐下，里面空间很大，可以存放物品

⬅ **如意门楼**

　　如意门楼在北京四合院建筑中最为常见，如意门的正面除了门扇外，均被砖墙遮挡住。如意门上有一种特有的装饰，称为"砖头仿石栏木耳"，位于屋檐下，上面有漂亮的砖雕图案，是如意门的重点装饰部位和最具特色的地方

屋宇式大门 ➡

　　屋宇式大门是百姓住宅门楼的主要形式，最为常见的有两种形式，一种是单独的屋门式建筑，一般用于三合院，另外一种是利用临街的一间房屋作为进出的大门，一般用于四合院

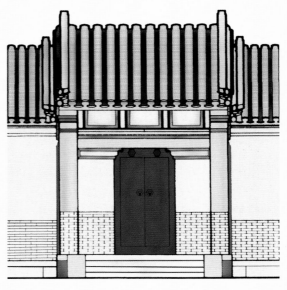

汉代住宅形式发生了变化，住宅平面形式包括一列式、曲尺式、三合式和前后两进日字式结构。规模小的住宅，屋门开在房屋一面的当中或偏在一边；规模稍大的住宅，用墙围成一个院落，或三排房子构成日字形院落。从已发掘的汉代画像砖中可知，汉代富人、官员及贵族等的住宅一般分左右两部分，右侧有门、堂、寝室，左侧为附属建筑。右侧外面有大门，门内分两院，有回廊；左侧也分为前后两院。

汉代贵族的大型住宅，外面有正门，门上屋顶中央高两侧低，旁边有小门供出入。门旁有附属房间，称门庑。院内有前堂，是用来招待宾客和举行典礼的地方。堂后用墙和门分隔，门内有寝室，此外还包括一些附属建筑。

这一时期，值得注意的是一些富豪和贵族住宅选址的变化。住宅开始向园林风格转变，或将住宅与园林相结合，如大约作于西汉时期的《西京杂记》中记载，茂陵富人袁广汉，"于北芒山下筑园，东西四里，南北三里。……奇树异草，靡不具植。屋徘徊重属，间以修廊。行之移晷，不能遍也。"

汉代时的宅院内流行遍植花草，王莽当政时，政府还下令"宅不树艺者为不毛，出三夫之布"。

院墙

院墙是住宅或建筑群的围墙，其作用是保护宅院内的建筑。普通百姓住宅的院墙较矮，一些供贵族居住的宅院院墙多高大。夯土、版筑围墙在汉代较为常见。封建社会后期用砖砌成的院墙十分讲究，分下碱、上身、墙帽三部分

东汉时期的画像砖表现了东汉时期贵族、官员或富商庭院的基本布局。

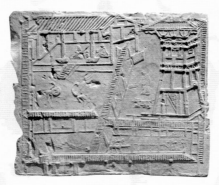

宅院画像砖（东汉）

庭院内有供
观赏的禽鸟

单檐悬山式屋顶。
居室内的人席地
而坐

院中的阁楼形似"阙"，底
部有楼梯供人上下，中间
及上部设房间

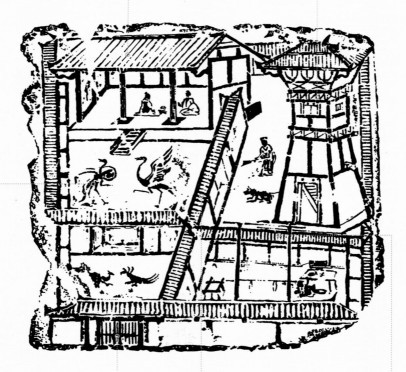

院门在前方偏一侧
的地方

围墙将宅院分隔成
东西两部分

回廊将院中各部
分连接起来

历代建筑特点

西汉陶制方形合院式住宅

陶制方形合院的主体建筑上部庑殿顶式阁楼，屋顶四面出坡，局部结构与后来的庑殿顶结构略有不同

门楼的屋顶结构为悬山式屋顶，两侧屋顶悬伸于山墙的外面。屋顶覆盖有瓦

在院前方设门楼，门楼前部有几何形漏窗，这是窗的早期表现形式，但并没有固定的形式，目的是为了通风、采光

西汉陶制干栏式住宅

西汉时期的干栏式住宅较为简朴，居住的房屋下方被抬高，可以避免湿气的进入。屋顶结构仍为悬山式屋顶

在四面围墙中间，还留有空隙，可能是早期的天井，既可以采光、通风，也可以作为人们的活动场所

四面有廊式围墙

西汉陶质曲尺形住宅

曲尺形住宅两面有房屋，相对的另外两面由围墙合围成一个院落，这也是西汉时期住宅平面形式的一种

两面的围墙将房屋合围，墙下方的圆孔应是用来排水的地方

房屋的顶部被抬高，似乎是建在高台之上

三国两晋南北朝的住宅开始注重与周围环境的融合，并重视住宅的内部结构。这一时期的住宅大多有围墙，围墙内围绕庭院建走廊。住宅多选择在依山傍水的地方，如东晋和南朝的都城建康，居民的住宅多分布在秦淮河两岸。此外，魏晋南北朝时，士大夫及贵族多追求隐逸，所以园林式住宅较为常见。北魏贵族的住宅，园中有曲沼、飞梁、楼阁等。杨衒之在《洛阳伽蓝记》中说，当时洛阳贵族的宅第"崇门丰室，洞户连房，飞馆生风，重楼起雾，高台芳树，家家而筑，花林曲池，园园而有，莫不桃李夏绿，竹柏冬青"。最具代表性的是北魏汉臣张伦的住所，杨衒之赞叹他的园林说："重岩复岭，嵌崟相属。深溪洞壑，逦迤连接。"

唐代住宅建筑较为常见的布局是两座主要房屋之间用回廊的四合院，也有的围成简单的三合院。贵族、富商们的住宅相当豪华。为抑制富豪们互相攀比营建豪华住宅，唐朝对王孙贵族直至平民的住宅都有严格规定："三品堂五间九架，门三间五架；五品堂五间七架，门三间两架；六品七品堂三间五架，庶人四架，而门皆一间两架。"不过这一标准并未被严格执行，不少贵族竞相营建豪华的私宅。如唐中宗的女儿安乐公主宅第的豪华与皇宫内的建筑不相上下，"作定昆池，延袤数里，累石象华山，引水象天津"。唐玄宗的宠臣安禄山的住宅"堂皇三重，皆像宫中小殿"。此外还有不少人在郊外营建别院。这些居室多反映在唐代的画家笔下。

三国·吴陶制院落

这座由湖北鄂州市出土的陶瓷院落，是仿当时的建筑而制，宅院规模较大，院墙四角设有角楼，院前有门，建筑分前厅、正房，两侧有厢房。据推测此陶院可能是当时任武昌都督的孙述的住宅。

西厢房　　角楼　　正房　　角楼
角楼　　院门　　角楼　　东厢房

图国
典粹

**建
筑**

关于平民的住宅大小，唐玄宗开元二十五年（737）曾下令："应给园宅地者，良口三口以下给一亩，每三口加一亩，贱口五口给一亩，每五口加一亩……诸买者不得过本制。"不过，遵守这个规定的并不多。白居易隐居时修建庐山草堂，他在《庐山草堂记》中说："是居也，前有平地，轮广十丈；中有平台，半乎地；台南有方池，半乎台。"此后，白居易在洛阳履道坊买的别墅面积也很大，他在诗作《池上柳》的序言中说："地方十七亩，屋室三之一，水五之一，竹九之一，而岛、树、桥、道间之。"

敦煌宅院壁画

　　这幅宅院壁画，大约是隋唐时期的作品。从图上看，宅院面积较大，正门设有门楼，由廊围成的院落，院内点缀有花草

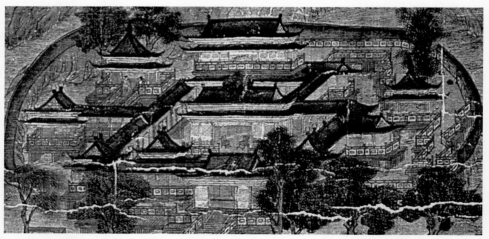

《辋川图》[局部]王维（唐）

　　此图是王维晚年隐居辋川时所作。住宅依山而建，院内遍植花草树木，建有亭台楼阁。从中也可以看出，唐代住宅面积极大，院中点缀有楼、台等装饰建筑。此外，从南北朝到唐代时，在院中点缀奇石成风，这幅画在一定程度上反映了当时房屋、山石、花木相结合的情况

两宋时期的住宅根据乡村和城市所处环境的不同，又分不同的情况。农村的住宅大多数比较简陋，茅草屋或茅草屋与瓦屋结合较为常见，房屋围绕成四合院，或用篱笆围成院墙。城市的住宅多为长方形平面，规模较大的住宅建有门屋，多为四合院的形式，院内设东西厢房，沿中轴线上的建筑分别有前厅、穿廊和后寝。这一时期，部分住宅在大门内建照壁，前堂左右设挟屋。与之前的四合院相比，围合院落的回廊变成了廊屋，建筑布局仍是前堂后寝的结构，堂和寝两侧多设耳房或偏院。

《万壑松风图》[局部]巨然
（五代·南唐至北宋）

这幅作品表现的是南唐到北宋时期的景象。从画中来看，依山而建的房子顶上覆盖着茅草，房上有窗，院子由篱笆围绕，院内有树木花草

《后赤壁赋图》[局部]乔仲常（北宋）

《后赤壁赋图》长卷共分九段，展现了苏轼《后赤壁赋》中所述的内容。图中表现的是苏轼携酒与鱼而出，并回首与妻、子打招呼的场景。画面的背景也正是北宋宅院的建筑。从图上看，这是一座用篱笆围起来的宅院，前方设有门，第一进为敞开的厅堂，厅堂后为寝室

明清时期的住宅布局体现出鲜明的封建宗族意识。北方的住宅以北京四合院为代表，这种住宅大门多开在东南角上，门内设影壁，南侧的倒座多为客房或仆人的住所，也有的设为私塾。房屋有正房和厢房之分，正北的正房归长辈居住。住宅的后墙及围墙都封闭起来，不对外开窗，院内多种有花木。江南的住宅也以封闭式院落为主，主要建筑按中轴线对称分布。有的住宅左右或后面有花园。

影壁

影壁又称照壁、照墙，最早可以追溯到陕西岐山西周宫殿遗址内的一字式影壁。影壁广泛应用始于明清。影壁的作用是为了遮挡视线，设在大门内的称内影壁，设在大门外的称外影壁。根据不同的材质，影壁分为砖雕影壁、琉璃影壁、木影壁等。根据造型的不同，影壁又分一字影壁、八字影壁、撇山影壁、座山影壁等。图中所示的为砖雕八字影壁，由壁座、壁身、壁顶三部分组成

四合院示意图

四合院是我国历史上使用时间较长的建筑布局形式，由正房（一般面阔三五间）、东西厢房（面阔二三间）和南房（又称倒座，面阔三间）组成的一个独立院落，南方大门和门楼占一间。整个院落都是由房屋围成，所以四合院又被称为"四合房院"。

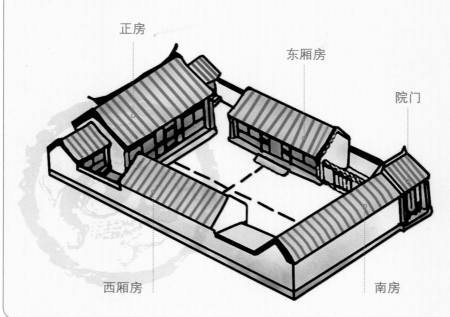

正房　　　　东厢房　　　院门

西厢房　　　　　南房

宫殿

宫的本义是指居住的地方,《释名》中认为:"宫,穹也。屋见垣上穹隆然也。"《仪礼·士昏礼》解释说:"古之贵贱之居,皆得称宫。"秦朝及以后,"宫"指供帝后太子生活起居的房屋。后世一般将宫与殿合称,指皇帝办公和居住的地方。

目前还没有找到公认的关于夏朝存在宫室建筑的文字依据,但不少历史学家认为,河南省偃师二里头遗址是夏朝遗存。从二里头遗址来看,夏朝的宫室建筑是原始社会建筑的继承与保留。

目前已发现的商朝宫室建筑遗址主要集中在河南省郑州、安阳及其周边地区。河南安阳小屯村一带是商朝宫室所在地。据推测,部分平面呈长方形的遗址可能是供帝王处理政务的地方,其后为供帝王起居的宫室。这就是后世宫殿的前朝后寝格局的雏形。

周朝的宫室建筑继承了夏商的建筑技术和建筑形式。东周时期各诸侯国建

河南省偃师二里头遗址一号宫殿复原图

二里头宫殿遗址总面积达 10 万多平方米,遗址内道路纵横交错,宫城平面略呈长方形,这些表明二里头遗址是一处布局规整的大型都邑。遗址范围内发掘出的数十个大小宫殿,均为夯土建筑。宫殿的平面呈长方形,供人居住的"宫"即图中所示的"室"设在后方,用来接待客人、处理事情的"堂"比"室"大。二者在同一座建筑内,可视为宫和殿的早期建筑形式

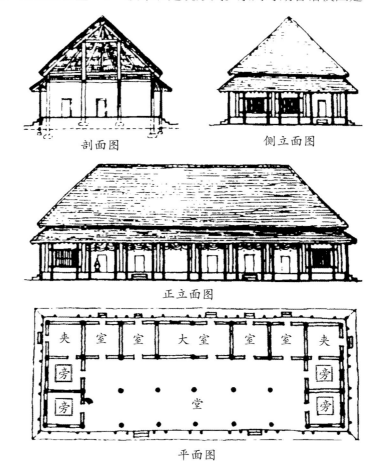

剖面图

侧立面图

正立面图

平面图

召陈宫殿遗址复原图

位于陕西省扶风岐山的召陈宫殿遗址，大约建于西周初年。这些宫殿建筑大多建在高台之上，布局不太严谨，但遵循前殿后寝的格局。

两组宫殿式建筑前后布置，平面呈方形

召陈宫殿建筑遗址发现了大量瓦当，其中包括板瓦和筒瓦，筒瓦有大小之分，据此可推测宫殿建筑使用了大量瓦件

在宫殿遗址内发现的排列整齐的柱础，可推测这组宫殿建筑以木结构为主

位于两组建筑一侧的方形圆顶建筑，可能是坛庙建筑

筑活动空前活跃起来。尤其到战国时期，各诸侯国都有自己的宫室建筑。这一时期宫室建筑的变化在于宫殿建筑大量使用青瓦覆盖。战国晚期出现了陶制栏杆。

秦朝宫殿建筑得到了极大发展。这一时期建筑材料以土木为主，柱础、桥墩等开始使用石材。板瓦、筒瓦有了细致的分类，瓦当被广泛应用。秦代宫室的建筑特点是高大雄伟，《淮南子·氾论训》中记载："秦之时，高为台榭，大为园囿，远为驰道。"这是秦代建筑的特点。秦代最著名的宫室是咸阳宫和阿房宫，这里的宫与殿混为一体，前设殿后设宫。

除咸阳宫外，在咸阳城的周围还建有大小不等的多座宫殿。《史记》中对此描述道："咸阳之旁二百里内，宫观二百七十，复道甬道相连……"不过，阿房宫在秦朝末年已变成一片废墟，如今已发掘遗址上的长方形夯土台，还有一些残余的秦代瓦当。

鹿台

史载商纣王筑鹿台，"七年而成，其大三里，高千尺，临望云雨"。夯土高台实际上是高山的缩影，是古代王者对山岳崇拜的体现，也体现了天子的威严。商朝的建筑处于建筑的初级发展阶段，其发展进度缓慢，但对后世建筑却产生了深远影响。

咸阳一号宫殿复原模型

唐代诗人李商隐曾写下《咸阳宫》一诗："咸阳宫阙郁嵯峨，六国楼台艳绮罗。自是当时天帝醉，不关秦地有山河。"咸阳宫位于今陕西省咸阳市，是供秦帝王处理政事和起居的地方，秦孝公于前350年开始修建，秦始皇时扩建，秦末时毁于战火。关于咸阳宫，《史记》中记载："……始皇以为咸阳人多，先王之宫廷小……乃营作朝宫渭南上林苑中，先作前殿阿房，东西五百步，南北五十丈，上可以坐万人，……表南山之巅以为阙。为复道自阿房渡渭属之咸阳。"

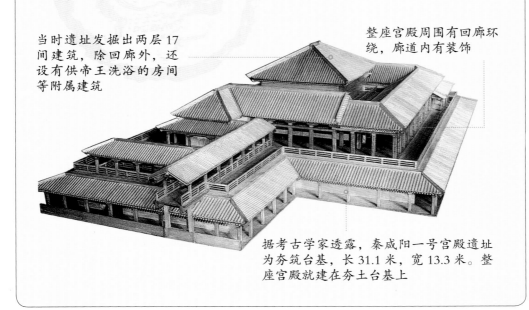

当时遗址发掘出两层17间建筑，除回廊外，还设有供帝王洗浴的房间等附属建筑

整座宫殿周围有回廊环绕，廊道内有装饰

据考古学家透露，秦咸阳一号宫殿遗址为夯筑台基，长31.1米，宽13.3米。整座宫殿就建在夯土台基上

《阿房宫赋》想象图

阿房宫始建于前212年。唐代文人杜牧在《阿房宫赋》中曰："覆压三百余里，隔离天日。骊山北构而西折，直走咸阳。二川溶溶，流入宫墙。五步一楼，十步一阁；廊腰缦回，檐牙高啄；各抱地势，钩心斗角。"关于阿房宫的规模，《三辅黄图》中载："……（阿房宫）东西八百里，南北四百里，离宫别馆，相望联属，木衣绨绣，土被朱紫。宫人不移，乐不改悬，穷年忘归，犹不能遍。"

阿房宫的遗址位于今陕西省西安西郊，如今保存下来的阿房宫遗址约有60万平方米两汉的宫室建筑对后代影响也很大。汉高祖定都长安后，将秦时修建的兴乐宫改为长乐宫，将章台建成未央宫。汉惠帝时长安修筑城墙，汉元帝时在城内修建了北宫、桂宫、明光宫，并在西城外修建建章宫。汉代宫殿最大的特点是建筑雄伟，规模宏大。以长乐宫为例，据《三辅黄图》记载，长乐宫"宫周回二十里，在长安城内之东南部，其前殿东西四十九丈七尺，两序中三十五丈，

建章宫复原图

建章宫是汉武帝于太初元年（前104）兴建的宫苑，据《三辅黄图·汉宫》记载："帝于是作建章宫，度为千门万户。宫在未央宫西，长安城外。"从未央宫到建章宫之间，有飞阁辇道相连接，方便往来。在建章宫的外围有城垣环绕。建章宫的中轴线由圆阙（正门）、玉堂、建章前殿、天梁宫形成；其他宫室分布左右，围以阁道。

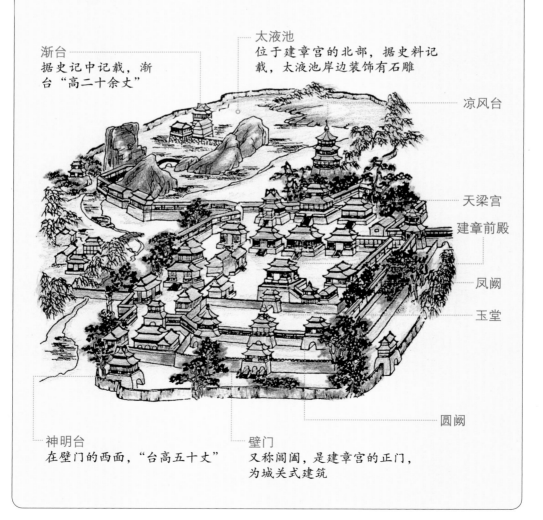

太液池
位于建章宫的北部，据史料记载，太液池岸边装饰有石雕

渐台
据史记中记载，渐台"高二十余丈"

凉风台

天梁宫

建章前殿

凤阙

玉堂

圆阙

神明台
在壁门的西面，"台高五十丈"

壁门
又称阊阖，是建章宫的正门，为城关式建筑

汉代单阙画像砖

阙是建在建筑群外表示威仪、身份的建筑物，一般左右分列。据《古今注·都邑》注："阙，观也。古每门竖两观于其前，所以标表宫门也。其上可居，登之则可远观，故谓之观。人臣将至此则思其所阙，故谓之阙。"汉代宫阙建筑兴盛。除宫殿外，贵族住宅、陵墓、祠庙等也可建阙

历代建筑特点

深十二丈"。从现已发掘出来的遗址看，长乐宫平面呈长方形，南北2.4千米，东西2.9千米，面积是长安城的六分之一。在长乐宫前装饰有十二个铜人。另外，汉代是大规模建阙的时代，宫殿外一般都修建有阙。

东汉的宫室建筑要远远小于西汉宫室的规模，但注重对细节的装饰，《后汉书·礼仪传》中描述洛阳北宫正殿德阳殿"陛高二丈，皆文石作坛，激沼水于殿下，画屋朱梁，玉阶金柱，刻缕作宫掖之好……"

三国时期较具代表性的宫殿是曹魏宫殿。曹操担任丞相时，建立了许昌、邺城、洛阳三个都城。邺城为东汉时期的旧城，曹操在邺城西北修"铜雀台高十丈，有屋一百二十间，周围弥覆其上；金凤台有屋百三十间；冰井台有屋百四十五间，有冰室三与凉殿。三台崇举其高若山，与法殿皆阁道相通"。魏文

帝曹丕废帝自立后，迁都洛阳，并在东汉宫殿的旧址上修建新宫殿。曹魏的宫殿布局，由汉代前殿设东西厢房的做法，改为正殿左右设堂，这种布局方式一直沿用到隋代。

西晋宫殿是在曹魏洛阳宫殿的基础上重新修建的。东晋南迁定都建康（今南京）时，晋元帝"即位东府，殊为俭陋。元明二帝，亦不改制"，晋成帝时始建宫殿，孝武帝时修建太极殿。

东晋之后的南朝，前期较少修建宫殿。宋武帝崇尚节约，沿用晋时修建的宫殿。宋文帝时大兴土木，据《南史》记载，宋文帝"筑北堤，立玄武湖于乐游苑北，筑景阳山于华林园……"又"于玄武湖北立上林苑"，并将建康城内的街道进行了扩建。

南齐皇帝萧宝卷"大起诸殿……又别为潘妃起神仙、永寿、玉司徒三殿，皆匝饰以金璧，窗间尽画神仙……橡木

《女史箴图》[局部]顾恺之（晋）

　　《女史箴图》表现的是宫廷仕女的节仪德行。图上所绘的背景，应是汉至晋时期的宫殿陈设。图中的床，其上蒙有帐，周围有类似栏板的东西环绕，应该是当时宫廷以及贵族中流行的家具

角之端，悉垂铃佩……造殿未施梁木角，便于地画之……又凿金为落花以帖地"。

　　梁之后的陈也兴建了不少宫殿，后主陈叔宝更是大兴土木，他在位时兴建了临春阁、结绮阁、望仙阁供后妃居住，《晋书》中记载："（此三阁）其窗牖壁带悬楣楼槛之类，并以沉檀香为之。又饰金玉，间以珠翠。外施珠帘，内有宝床宝帐。每微风暂至，香闻数里。朝日初照，光映后庭。其下积石为山，引水为池。"

　　北朝的后赵在邺城修建宫殿，殿沿用曹魏洛阳宫殿的布局。《晋书》中记

载，后赵迁都邺城后，赵石虎在邺城"造东西宫，至是就。太武殿基高二丈八尺，以文石绛之，下穿伏室，置卫士五百人于其中，东西七十五步，南北六十五步。皆漆瓦金铛，银楹金柱，珠帘玉壁，穷极伎巧"。宫殿内的装饰也无比奢华，以供皇帝沐浴的寝室为例，"三门徘徊反宇，栌欂隐形，雕彩刻缕，雕文粲丽。……沟水注浴时，沟中先安铜笼疏，其次用葛，其次用纱，相去六七步断水，又安玉盘受十斛，又安铜龟饮秽水"。

　　在北朝，北魏道武帝拓跋珪迁都平

城（今山西大同）后，修建了城墙和宫殿，其建筑保留着浓厚的少数民族特色，古朴、粗犷，不追求细节的装饰。北魏宫殿设在平城的西面，"四角起楼，立墙，门不施屋……太子宫在城东，亦开四门，瓦屋，四角起楼。妃妾住皆土屋"。平城后期，逐渐开始重视对宫殿的装饰。

北魏迁都洛阳后，其宫殿整体布局效仿三国魏洛阳太极殿东西堂的形式。北魏宣武帝时大肆修建宫殿，据《邺中记》记载，这次建筑动用了五万多人，不仅修宫室、太庙等，还有苑囿，"采掘北邙及南山佳石，徙竹汝颍，罗莳其间。经格楼馆，立于上下。树草栽木，颇有野致"。

隋文帝取代北周之后，第二年在长安东南兴建了大兴城，并在城内规划了宫殿，宫城正门承天门为大朝，太极、两仪为日朝和常朝，两朝有若干对称布置的殿。宫殿的核心大兴宫位于中轴线的北端，西面为掖庭宫，东面为太子的东宫。

隋炀帝时在洛阳营建东都，并建有豪华的宫殿。洛阳宫殿的正殿为乾元殿，还有大业殿、文成殿、武安殿等。乾元殿"殿基高九尺，从地至鸱尾高二百七十尺，十三间，二十九架，三陛轩。文镂槛，栾栌百重，窠拱千构，云楣绣柱，华榱璧珰，穷轩甍之壮丽。其柱大二十四围……"

唐初宫殿承隋制，只是将名称改了一下。唐太宗时长安城东北建大明宫。大明宫正南的丹凤门内有含元殿，"（含元殿）左右有砌道盘上。谓之龙尾道。殿陛上高于平地四十余尺，南去丹凤门四百步"。含元殿的北面有宣政门、宣政殿、紫宸门、紫宸殿等。

唐太宗时营建东都洛阳，武则天当

铜雀台

唐代诗人杜牧七绝《赤壁》中吟道："东风不与周郎便，铜雀春深锁二乔。"这里所说的铜雀台指曹操修建的宫殿建筑。据《水经注·浊漳水篇》记载："邺西三台，中曰铜雀台，高十丈，有层百一间。"铜雀台左右两边还有金虎台、冰井台。铜雀台因楼顶铸有大铜雀而得名。根据资料记载，铜雀台最盛时台高十丈，台上建有五层楼，铜雀台东侧的铜雀园是供文人游乐的地方。《水经注》载，铜雀台又是一处要地，可应急用。据《三国志》等书记载，严才叛乱时攻打掖门，王修闻听马上率领部卒前来救援，曹操在铜雀台上看见，说："彼来者，必王叔治（王修字叔治）也。"

南北朝时期，后赵皇帝石虎在原铜雀台的基础上进行了扩建，台上设殿室一百二十间，并有女监、女伎专门负责日常维护。正殿中设有御床。铜雀台下有两口井，井中存放财宝和食品。

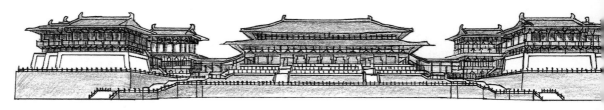

大明宫示意图

大明宫是唐代宫殿的杰出代表，于唐太宗贞观八年（634）开始修建，是太宗为其父李渊修建的避暑夏宫，初名永安宫。宫殿未修成李渊驾崩，永安宫同时停工。次年永安宫改名大明宫，再次动工。大明宫的扩建工程是在高宗时开始，据史书记载："龙朔二年（662），高宗染风痹，恶太极宫卑下，故就修大明宫。"之后唐高宗迁入大明宫执政。

大明宫是当时长安城的三座主要宫殿之一，整体面积约3.2平方公里，是北京故宫的四倍。大明宫按照区域可以分为前朝和内廷两大部分，前朝是处理事务和听政的地方，内廷则是帝后居住和宴游的地方。大明宫内有含元殿、宣政殿、紫宸殿三大殿。在大明宫北部太液池旁还设有麟德殿。当时唐代大诗人王维曾经写诗赞叹大明宫："九天阊阖开宫殿，万国衣冠拜冕旒。"

唐僖宗时，大明宫饱经战火的摧残，于乾宁三年（895）被烧毁，成为一片废墟。

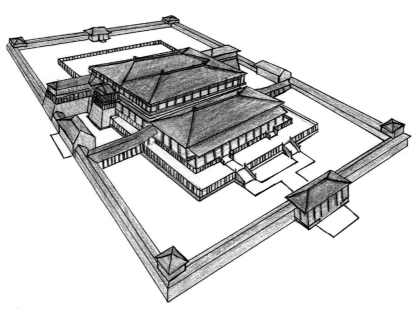

麟德殿示意图

麟德殿是唐朝大明宫中的一组建筑，建在大明宫太液池西面的高地上，是供帝王设宴款待群臣的一组大规模建筑。根据已发掘的麟德殿遗址得知，其底层面积约5000平方米，由四座殿堂组成，主体建筑左右各有一座高台，台上建有体量较小的建筑，由飞阁与大殿的上层连接。据推测，全组建筑四周有廊庑围成的庭院。麟德殿也是我国目前已发现的最大殿堂建筑

政时在洛阳修建明堂，据说修建的这种明堂"高二百九十四尺，方三百尺。凡三层，下层法四时，各随方色，中层法十二辰，上为圆盖，九龙捧之。上层法二十四气，亦为圆盖，以木为瓦，夹漆之，上施铁凤，高一丈，饰以画金。中有巨木十围，上下通贯……"

宋初，宫城面积仅有唐代大明宫的十分之一，宫廷的前朝部分仍有三朝，内设大庆殿，供大典时使用，其后是日朝的紫宸殿。大庆殿之西有文德殿，其后为常朝的垂拱殿。对于北宋的皇宫，《东京梦华录》中有详细记载："宣德楼正门，乃大庆殿，庭设两楼，……宣德楼左曰左掖门，右曰右掖门。左掖门里乃明堂，右掖门里西去乃天章、宝文等阁。宫城至北廊约百余丈。入门东去街北廊乃枢密院，次中书省，次都堂（宰相朝退治事于此），次门下省，次大庆殿。外廊横门北去百余步，又一横门，每日宰执趋朝，此处下马；余侍从台谏于第一横门下马，行至文德殿，入第二横门。东廊大庆殿东偏门，西廊中书、门下后省，次修国史院，次南向小角门，正对文德殿（常

《瑞鹤图》[局部]赵佶（北宋）

这幅画描绘的是北宋皇宫的正门宣德门楼顶，以及楼上十八只形态各异的仙鹤。仅从画面上来看，宣德楼为庑殿式屋顶，屋脊上饰有吻兽。据《东京梦华录》中记载，"宣德楼列五门……门皆金钉朱漆，壁皆砖石间甃，镌镂龙凤飞云之状，莫非雕甍画栋，峻桷层榱，覆以琉璃瓦，曲尺朵楼，朱栏彩槛，下列两阙亭相对，悉用朱红杈子。"

金中都皇城和宫城平面示意图

（左侧为宫城平面图，图中标注：拱辰门、妆台、隆微殿、西宫、昭明殿、昭明宫、神龙殿、厚德殿、西上阁门、仁政殿、东上阁门、钟楼、鼓楼、内省、泰和殿、泰和宫、泰和门、仁政门、玉华门、宣明门、宣华门、大安后门、蕊珠殿、香阁、寿康殿、寿康宫、蓬莱院、大安殿、蓬莱阁、瑞光楼、蓬莱殿、瑞云楼、横翠殿、弘福楼、广祐楼、承华殿、东宫、鱼藻殿、大安门、月华门、日华门、敷德门、敷德西门、敷德东门、右翔龙门、左翔龙门、应天门、登闻鼓院、登闻检院；下侧图标注：衍庆宫、千步廊、崇圣门、拜天台、会同馆、来宁宫、武楼、文楼、宜阳门、北）

金中都宫殿包括其宫前广场的建筑布局，对于元大都宫城有直接影响，并及至明清的宫殿建造

朝殿也）。殿前东西大街，东出东华门，西出西华门。"

南宋偏居一隅，定都临安，早期因社会不稳定，宫殿规模较小，据《舆服志》中记载："垂栱崇政二殿，权更其号而已。殿为屋五间，十二架，修六丈，广八丈四尺。殿南檐屋三间，修一丈五尺，广亦如之。两朵殿各二间。东西廊各二十间，南廊九间，其中为殿门，三间六架。"

与宋同时期的金中都宫殿，位于明代北京城的西南方位，建筑采用与北宋宫城相同的布局，建筑沿中轴线左右对

北京故宫保和殿（左）、中和殿（右）

称分布，装饰材料上，台基等多使用汉白玉石，屋顶多覆盖绿琉璃瓦。

元代的宫殿建筑，融汉、藏等多民族建筑风格于一体，宫城布局沿用宋代建筑布局，宫殿设在全城的中轴线上，依宫城内的中轴线，依次为大明殿和延春阁两组建筑。宫殿的西面有供太后居住的隆福宫以及供太子居住的兴圣宫。屋顶使用的琉璃瓦，有黄、绿、青、白等多种颜色，在宫殿内多使用毛皮或织品铺在地上或挂在墙壁上，显示了游牧民族的建筑特色。此外，除了汉式建筑外，还有不少砖石建筑的宫殿，如畏吾儿殿、棕毛殿等。

明清时期的宫殿建筑，堪称是中国古代建筑史上的最后一个高峰。明代宫殿建筑以北京城内的紫禁城为代表。紫禁城是明成祖朱棣动用二三十万民工，耗时 14 年建成，清代宫殿则在紫禁城的基础上重建或改建。明清时期紫禁城是中国宫殿建筑顶峰的代表性作品，古代建筑的装饰、布局等都被发挥到了极致。

北京故宫太和门

太和门是一座殿式门，高23.8米，面阔九间，进深四间，重檐歇山顶，坐落在高3.44米的汉白玉石须弥座高台上，是外朝三大殿的正门

清代紫禁城示意图

1. 午门：故宫的正门
2. 太和门：故宫内最大的宫门，也是外朝宫殿的正门
3. 太和殿：故宫内最大、等级最高的殿宇，是皇帝举行大典和群臣祝贺的地方
4. 中和殿：皇帝在太和殿举行大典时休息的地方
5. 保和殿：明代是举行大典时皇帝更衣的地方，清代为帝后接受朝贺和设宴接待群臣或外宾的地方
6. 乾清门：故宫内廷的正宫门
7. 乾清宫：明朝十四位皇帝清顺治和康熙帝都以此为寝宫
8. 交泰殿：皇后生日时接受庆贺的地方
9. 坤宁宫：明代皇后的寝宫，清代时改为萨满教祭神的场所
10. 御花园：明代称"宫后苑"，清代称"御花园"，园内建筑左右对称布局
11. 神武门：故宫的北门
12. 九龙壁：单面琉璃影壁，位于宁寿宫皇极门外

13. 皇极门：宁寿宫区的正门，与宁寿门相对
14. 皇极殿：宁寿宫区的主体建筑，乾隆皇帝归政后在此临朝
15. 西华门：故宫的西宫门，西华门正对着西苑，帝后去西苑时要经过西华门。参加宫中庆典的人们，也经此门出入
16. 东华门：专供太子出入紫禁城的城门
17. 文华殿：文华殿建筑群的正殿，明初此殿为太子殿
18. 武英殿：明初期是皇帝斋居和召见大臣的便殿，明晚期改为命妇朝见皇后的场所。清康熙年间及以后，这里成为宫廷编书处
19. 慈宁花园：明清太皇太后、皇太后及太妃嫔们游憩、礼佛的地方
20. 慈宁宫：皇太后起居的宫殿
21. 东六宫：包括景仁宫、延禧宫、承乾宫、永和宫、钟粹宫、景阳宫
22. 西六宫：包括永寿宫、翊坤宫、储秀宫、启祥宫（太极殿）、长春宫、咸福宫

国粹图典

建筑

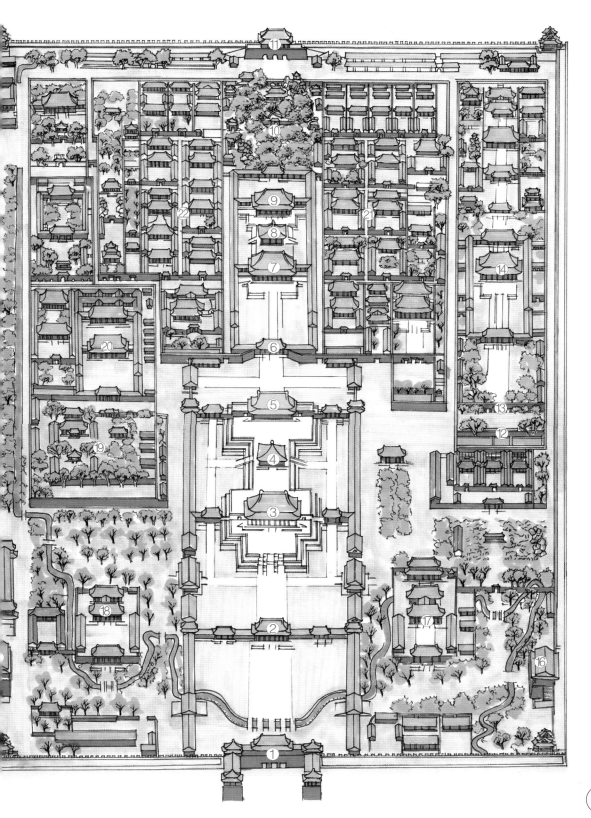

图国
典粹

建

筑

"宗"本义为宗庙、祖庙，是用来祭祀祖先的地方。宋代邢昺曰："宗者，本也，庙号不迁，最尊者祖，次曰宗，通常称宗庙。"这里的"宗"指的是用来供奉和祭祀祖先的宗庙。

从目前已掌握的资料可知，夏商建筑中已经有祭祀祖先的宗庙，周朝对祖祠的建筑方位有了明确规定。《周礼·考工记》中说："匠人营国，方九里，旁三门，国中九经九纬，左祖右社，面朝后市。"根据这一记载可知：西周的建筑，宫殿处于中央最重要的位置，用来祭祀祖宗的宗庙和祭祀天地的社稷分列在宫殿的左右。据相关记载可以推测，周朝实行天子七庙制度，诸侯为五庙，大夫三庙，士一庙，庶人不准设庙。帝王和诸侯的宗庙一般设在门中左侧，大夫的庙设在寝室的左面。

秦及西汉早期的宗庙建筑，沿用周以来的建筑制度。汉武帝时推崇儒家，宗庙的修建越来越受到重视，并实行"一祖二宗四亲庙"七庙制度。目前汉代遗

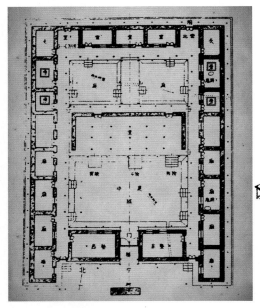

陕西省岐山凤雏先周殿堂平面示意图（宗庙）

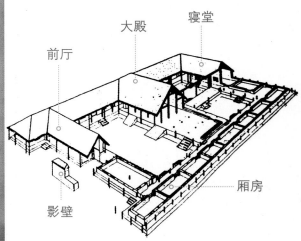

凤雏先周殿堂剖面示意图

从建筑平面上来看，布局呈方形，沿中轴线，从前到后依次为大门、前院、大殿、过廊、后院，门前设影壁。东西两面配有厢房，东西对称。这一建筑布局，大体已形成后世宗庙建筑的雏形

棂星门

棂星门出现的时间大约在唐代，通常是两根立柱，上面再搭上一根横木，形成门框。棂星门是由乌头门发展而来，形制与乌头门大体相同。关于棂星有不同的说法，一说棂星是天上的文星，又称文曲星；一说棂星门为天门；另外一说则认为棂星是"天田星"，在汉代时被尊为农神。从宋代开始，太庙等礼制建筑都设有棂星门

留下来的宗庙遗址是汉长安城（西安）南郊王莽设立的九庙。"王莽九庙"遗址由十一组建筑组成，建筑呈四面完全对称布局。每组建筑平面呈正方形，建筑外围有墙垣。院内的四角有附属建筑。院正中有一个夯土台，主体建筑为高台与木结构结合的方式。

晋武帝好奢华，即位后大修宗庙，《晋书》中记载，为了修建宗庙，晋武帝"致荆山之木，采华山之石，铸铜柱十二，涂以黄金，镂以百物，缀以明珠"。

魏晋年间，原来每座宗庙祭祀一主的形式，变为一庙多室，每室祭祀一主。魏为一庙四室，晋时演变为一庙七室，东晋时增至十四室。在庙内两厢立夹室，祭祀已祧神主。唐代时，为一庙九室，明清沿用一庙九室，另立祧庙。在皇帝宗庙内由功臣配享，从汉代时已开始。

建筑史上宗庙建筑发展最活跃的时期是宋代。北宋时期重视礼制，外在形式则用各种礼仪制度、宗庙建筑等加强礼制统治。宋代的宗庙继承前制，列于宫城的东侧。前方多有一大片开阔的场地，设有下马亭、棂星门等建筑。

43

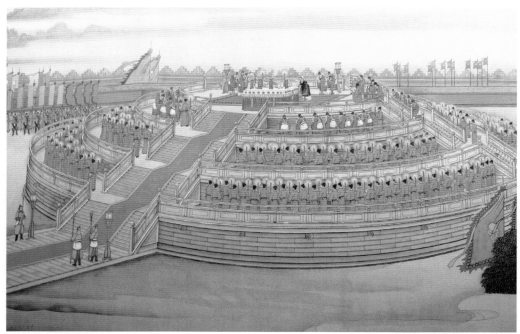

南宋祀礼复原图

　　两宋时期是各种礼仪完善和形成的阶段，对祭祀祖先及天地，都有一套完整的礼仪，以体现对祖先、天地及神灵的敬重

盛京太庙位置示意图

　　盛京即今天的辽宁沈阳，为后金的都城。皇太极在此继位后，扩建了沈阳城，并在城内营建宫殿。1636 年，在修建宫殿的同时，又在盛京城附近门外五里的地方修建了祭祀祖先的家庙（即右下角所示）。乾隆时期太庙移于今沈阳故宫大清门东侧

囿

"囿"的本义是古代帝王豢养禽兽的园林，是一种供帝王贵族进行狩猎、游乐的园林形式，也就是后世所称的皇家园林。在古籍记载中，皇家园林又曾被称为"苑""宫苑""园囿"等。皇家园林的出现，可以追溯到商朝晚期，古书中称之为"囿"。当时的囿规模庞大，据《史记·殷本纪》载："纣时稍大其邑，南距朝歌（今河北淇县），北据邯郸及沙丘，皆为离宫别馆。"

春秋战国时期，苑囿得到进一步的发展，当时的诸侯们不再满足其狩猎游乐的功能，而是希望能与高台美榭相结合。因此苑囿也得到了极大的发展。吴越之地的吴王夫差，大肆建造园林，"次有台榭陂波焉"。修建的姑苏台，"高见三百里，太史公登之以望五湖"。

北京香山静翠湖

香山在清代属皇家园林"三山五园"中的静宜园。香山天然形成的风景，加上人工点缀的亭子，使整个园林独具审美形态

江苏省苏州灵岩山"玩花池"

　　灵岩山的"玩花池"传说是西施曾经赏荷的地方，吴王夫差为讨美人欢心开凿而成

《丹枫呦鹿图》佚名（五代）

　　早期的园林以天然风景为主，再进行适度的人工开发形成园林。其特点是以自然形成的景观为主，人工雕琢的痕迹较少。在园林中多蓄养兽类，种植花草树木，以供帝王游乐

姑苏台

　　姑苏台又称为"姑胥台"，因建在苏州城西南的姑苏山上而得名，是吴王夫差在打败越国后所建，也有史料中记载姑苏台是吴王为越国美女西施所建。前497年，吴王夫差大败越军，迫使越国臣服，越王勾践自愿到吴为奴三年，之后，被夫差放回国。勾践回国后，向夫差进献金银珠宝和美女。据东汉《越绝书》中载："越乃饰美女西施、郑旦，使大夫种献之于吴王。吴王大悦。"为了消耗吴国国力，勾践又向吴国献上建筑用的材料和能工巧匠，让吴国大兴土木。姑苏台就是在那时建造的。当时越国从会稽通过河道运来的木材，把山下所有的河道、沟渠都塞满了，苏州的"木渎"因此而来。姑苏台花费了五年时间才完工，耗费了吴国大量的人力物力。再加上天灾等原因，吴国实力大降。越国趁机对吴国发起反击。吴王夫差走投无路，自刎身亡。姑苏台被越兵烧成了一片废墟。

秦始皇统一六国之后大肆修建园林，《淮南子·汜论训》中载："秦之时，高为台榭，大为园囿，远为驰道。"秦始皇追求长生不老，根据传说中的东海中有瀛洲、蓬莱、方丈三座仙山，"引渭水为池，筑为蓬瀛，刻石为鲸，长二百丈"，这一做法极大影响了后世皇家园林的建筑布局。

汉武帝时，修建上林苑供自己游乐。上林苑纵横三百余里，苑中放养百兽供天子狩猎，并建有离宫供帝王居住。据《汉书》记载："苑中养百兽，天子春秋射猎苑中，取兽无数。其中离宫七十所，容千骑万乘。"可见这一时期的苑囿还保持着游猎的功能。

《骊山避暑图》袁江（清）

骊山位于西安临潼区城南，景色秀丽。传说周幽王曾在这里建骊宫，秦始皇时也曾在此修建苑囿，汉武帝时扩建为骊宫，唐玄宗时在此建华清池。《骊山避暑图》描绘了骊山盛夏时的景色

上林苑

上林苑是汉武帝于建元二年（前139）在秦代旧苑的基础上修建的宫苑，建筑规模宏伟壮观。汉代文人班固在《两都赋》中曾赞叹上林苑说："西交则有上囿紫苑，林麓薮泽陂池连乎蜀汉，缭以周墙四百余里，离宫别苑三十六所，神池灵沼，往往而在。"

上林苑中有不少池沼，史书记载的包括昆明池、镐池、祀池、麋池等，其中昆明池是人工开凿，周长40里，池中还放有楼船。据《三辅故事》载："昆明池三百二十五顷，池中有豫章台及石鲸，刻石为鲸鱼，长三丈。……昆明池中有龙首船，常令宫女泛舟池中，张凤盖，建华旗，作濯歌，杂以鼓吹。"为了装点上林苑，汉武帝还从各地征集了不少奇花异草。

汉武帝仿秦始皇建瀛洲、蓬莱、方丈三座仙山，据《史记·封禅书》记载："其北治大池，渐台高二十余丈，名曰'太液池'，池中有蓬莱、方丈、瀛洲、壶梁，象海中神山、龟鱼之属。"

历代建筑特点

47

魏晋南北朝时期，享乐之风大盛，影响了皇家园林的建造。这一时期的皇家园林，狩猎功能退居次要的地位，取而代之以养珍禽异兽，种植奇花异草，并在园中建奢华的宫殿供帝王享受。

隋炀帝时，在洛阳城西以水系为骨架，构造巨大的西苑。从此以后，皇家园林的布局也由原来的模仿神话中的仙山转向了对自然山水的营造。

唐代的皇家园林，体现出与宫苑相结合的特点，如大明宫有宫廷区，其北为苑林区，中间有水面开阔的太液池。这种前宫后苑的布局，被后世沿用。

宋代最著名的皇家园林为艮岳。艮岳与汉唐时期数百里的园林相比，面积很小，但在这有限的空间里，却将山水、花木、宫殿、村舍都包揽其中，被誉为"天下之美，古今之胜"，可谓是一座浓缩了天地精华的人造山水园林。

《十八学士图》[局部] 佚名

十八学士指唐太宗时修建文学馆，以杜如晦、房玄龄、于志宁等十八人并为学士。此画以此为题进行创作。图中人物所处的背景似乎是皇家宫苑，背后有汉白玉石栏，点缀有松竹

艮岳

艮岳始建于宋徽宗政和七年（1117），宣和四年（1122）完工，最初定名万岁山，后改称艮岳、寿岳，又称华阳宫。艮岳面积约750亩，整体建筑讲究诗情画意，被认为是中国园林建筑史上的转折。据《宋史》记载，艮岳园内主体山峰为万岁山，山最高峰上修有介亭，将山分为东西二岭，东面"萼绿华堂，有书馆、八仙馆、紫石岩、栖真嶝、览秀轩、龙吟堂"，"又西有万松岭，半岭有楼曰倚翠，上下设两关，关下有平地，凿大方沼，中作两洲"。万岁山的南面为寿山，二山并列。艮岳园内建筑极其巧妙，布局精妙，之后又从全国各地运来奇花异石，点缀景色。艮岳修建完工之后，宋徽宗亲自题写《御制艮岳记》。

《文会图》[局部]赵佶（宋）

　　图中描绘的文人雅集的场面，画中人物所处的背景应该是皇家园林或宫苑之中，园中遍植花草树木，景色宜人。造园以徜徉自然风光之中，也是园林的一大特点

北京北海琼岛艮岳石

　　为了装点艮岳，宋徽宗命人从全国各地搜罗不少奇石，其中就包括太湖石，又称假山石，具有极高的观赏价值。靖康之乱时，艮岳毁于战火，苑内的部分太湖石被金兵运到北京，后被置于北海琼岛之上

辽兴建的皇家禁苑为如今的北海。辽时北京被称为"南京",辽帝巡幸"南京"时,被"南京"东北郊的湖泊地区(即如今的北海)所吸引,于是在这里兴建了行宫。金在辽行宫的基础上修建太宁宫,太宁宫中有太液池,池中仿"一池三岛"建琼华、园坻、犀山三岛。琼华岛规模最大,其上建广寒殿。广寒殿雕梁画栋,巍峨崇丽。金人元好问在《遗山集》中赞道:"寿宁宫有琼华岛,绝顶广寒殿。"

元代帝王对北海进行了大规模的整修。明成祖时开挖南海,使之与中海、北海相通,统称西苑,使之成为明代著名的皇家园林。明代皇帝多深居简出,所以除西苑外,仅在紫禁城内设御花园。

北京北海示意图

对北海的开发从辽开始,一直持续到清代,它也是我国现存历史最悠久、保存最完整的皇家禁苑。北海位于北京城中心,毗邻紫禁城、什刹海。北海占地面积69公顷,其中水域面积约39公顷。太液池中设琼华岛、团城、犀山台,是按照皇家园林中的海岛仙山布局的。

延楼游廊
是一座两层游廊观景式建筑,沿琼岛北山麓环湖而建,共长300米

白塔
北海的标志性建筑,始建于清顺治八年(1651),后因地震破坏而重建

永安桥
是连接琼华岛和团城的桥梁

琼华岛
又称琼岛,如今成为北海公园的主体,四面临水,岛上遍植林木

堆云牌楼
积翠牌楼

永安寺
始建于清顺治八年(1651),原名白塔寺,清乾隆八年(1743)改为永安寺。寺内建筑包括法轮殿、正觉殿、普安殿等

承光殿
团城的主体建筑物,平面呈十字形,正中为重檐大殿

团城
是一座精巧别致的园林,城台高4.6米,周长276米

北京北海

　　北海是一座纯人工园林，以水域为主。北海的标志性建筑为白塔，建于清顺治八年（1651），后因地震遭到破坏而重建。北海内除有亭台楼阁等建筑外，还有很多宗教建筑，如西天梵境、小西天、龙王庙等建筑，体现出浓厚的宗教色彩

　　清代是中国皇家园林建筑的巅峰时期，康熙、雍正、乾隆三位皇帝在位时，大肆修建皇家园林，将园林与艺术相结合，使皇家园林的艺术水准达到前所未有的高度。清代的皇家园林除了西苑外，还有位于北京西北郊的静宜园、静明园、畅春园、圆明园和清漪园以及河北承德避暑山庄。清代修建的皇家园林也是今天人们所能看到的中国古典园林的主体。

承德避暑山庄湖区、平原区示意图

《静宜园全图》董邦达（清）

　　香山静宜园是清代五大皇家园林之一，位于北京西郊，是以山为基址兴建的大型园
林建筑。宫殿、寺庙、厅堂、轩榭等建筑，点缀在自然山水之中，形成以天然风光为主，
独具风格的园林

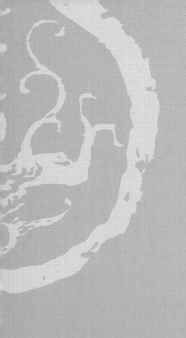

三

建筑的形态

  经过数千年的发展，中国传统建筑的形式多种多样，从建筑形态上分，可分为城池、宫殿、礼制坛庙、园林、陵墓、寺庙、道观、桥梁，以及各地独具特色的民居建筑等。这些保存下来的建筑形式，是先辈留给后人的珍贵财富。

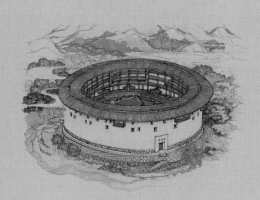

城，指城墙；池，指城墙外的护城河或是深壕。中国古代的都城、陪都以及府、县治地以及重要的军事要地，基本上都设城池。从周代开始，对城池就有了明确的规划。一个完整的城池建筑包括城墙、城壕、月城、城门以及城楼等建筑。城墙分内外，也称城垣，是城防的主体；城壕是护城河；月城也称瓮城，是指城门外用来屏蔽城门的小城，其城门被称为城壖；城楼是建在城门上或建在城墙上的高大建筑。除此之外，还有敌楼、角楼、箭楼等不同用途的建筑。

城墙的断面上小下大，呈梯形、封闭式。早期的城墙有版筑夯土墙、土坯砌墙、青砖城墙、石砌墙以及砖石混合式城墙，也有的用糯米灰浆砌筑。有些城墙墙体的外侧还用水平放置的木椽包

裹起来，目的是防止夯土筑的城墙崩开。南宋以后的城墙改为砖石包砌，即内为土筑，外用砖或石包裹。城墙的顶上有

雉堞

雉堞是指城墙如齿状的矮墙，设在城墙的顶部，目的是保护守城的士兵，有的城墙在雉堞上部设有瞭望孔，方便观察城外的情形，有的城墙下面设有通风孔，目的是保护墙体

《清明上河图》[局部]张择端（北宋）

从图中可以看出，北宋时期的城墙设施已相当完善，城楼高大，便于守护。墙上设有城门，可供人们出入

雉堞，墙内侧为女墙，城墙上相等的距离有一座向外突出的马面，马面顶上设敌楼。敌楼多凸出在城墙外，高于城台上的墩台。敌楼多为两层，顶上为平台，四周有用来观察和守卫的垛口。敌楼内可以屯兵、存粮草。城顶上每隔10步设有一个战棚。目前保存较为完整的城墙有西安城墙、南京城墙。

女墙

女墙，《释名》解释为"城上垣，曰睥睨，……亦曰女墙，言其卑小比之于城"。根据这一说法可推测，女墙是建在城墙顶部内侧的、一般比雉堞略矮的小墙。有的女墙也设瞭望孔，便于观察城内的情形

马面

马面是指城墙每隔一段距离砌成的向外突出的墩台，其作用是防御。春秋战国时期的《墨子》中所描述的"行城"就是指马面，可见那时马面已被用于防御。宋代沈括在实地考察两晋南北朝时期夏国的都城统万城后，在其作品《梦溪笔谈》中这样描述其城墙："其城（墙）不甚厚，但马面既长且密。……若马面长则可反射城下攻者，兼密则矢石相及，敌人至城下，则四面临之。"可见马面在城墙防御体系中的重要作用。马面大小不一，视城墙大小而定，受到外来势力的攻击后可以三面作战，还可以利用相邻的马面之间组织交叉防御，防止或消灭攀爬城墙的敌人

城墙上开有城门，供人出入，城门一般为砖砌券洞，高大厚实。从东汉后期到隋代，重要的城门一般都会设两道以上城门，南北朝时期的城门一般有两道至三道，唐代和元代城门一般为单城，明初又出现两道以上的城门。城门上方筑有城楼，一般为二到三层，多为重檐歇山式楼阁建筑。城楼也是整个城市的重要标志，平时可供瞭望、守卫及储存物资等。

在城墙的内侧有供守城人马上下行走的通道，被称为马道，一般比较宽大，坡度较小，便于行走。

水门

在有些城市中因河道穿城而过，或河道较宽等原因，城墙就跨河而建。在城墙临河处，往往会有一道拱券形门洞，便于船只出入。水门也有对开的大门扇，水下有相应的设施，以防止外敌入侵，保证城池的安全

北京正阳门城楼

北京正阳门俗称前门，是北京城的正门之一，始建于明正统元年（1436）。城楼面阔七间，进深五间，为三重檐楼阁式建筑，中间的门洞只有皇帝出入时才开启，俗称"国门"。正阳门屡遭战火，最后一次是1900年毁于八国联军进京的战火中，1906年复建

北京东便门明代角楼

角楼一般修在城墙的拐角处。明代在修建北京内城城墙时，在城墙的东南、西南角各修建了角楼，如今仅存东南角一座，即为"东便门角楼"。明嘉庆年间，在城南修建了外城城墙，内城就被围在外城之内，为了方便出入，在外城和内城连接处开了一个城门，即东便门。角楼并没有在东便门之上，而是在东便门的西侧。东便门角楼建筑形制为箭楼的形式，整体呈"L"形，外墙有四层箭窗。箭窗与门框全部漆成朱红色

城墙外有可以阻止人接近的壕沟，被称为城壕，水源丰富的地方，多将水注入壕中，就是护城河，没有水的被称为城隍。为方便人们进出，一般在城门设吊桥等设施。城壕的深度与城墙的高度是相对应的，壕越深的地方，城墙一般筑得也越高。

城墙四角是城墙守卫薄弱的地方，因此通常建有角楼，目的是阻止有人从城下进攻。城墙拐角的地方一般修得较厚实，城墙上一般有高台，台上有呈"L"形的角落，这样可以更好的保护城角及两侧城墙的安全。

长城

长城是从春秋战国时期开始修建的规模宏大的防御性建筑，目的是为抵御北方游牧民族的入侵。据文献资料记载，长城的修筑始于春秋时期楚国修建的百里长的"方城"，之后，几乎历朝历代都有修建长城的记载，并一直持续到明代。清代入关后，不再修建长城。长城堪称是中国建筑史上的奇迹。

战国时期，战乱不断，出于防御需要，有的诸侯国修建了长城。同时，西北少数民族开始强大，匈奴等游牧民族时常骚扰中原。各诸侯国不胜其扰，纷纷修建长城以自卫。

秦始皇统一六国之后，派遣大将蒙恬驱逐匈奴，并将原先秦、赵、燕三国修建的长城连为一体，形成西起临洮、东至辽宁丹东虎山南麓的长城。秦长城一般修建在崇山峻岭之上，地势险要，

北京八达岭长城

八达岭长城位于北京延庆县，是明长城的一部分，建于明弘治十八年（1505），明嘉靖年间以及明万历年间加以修葺。八达岭长城长3741米，建在地势险峻的山峰上，居高临下，被视为明代重要的军事要塞和保护屏障，城墙高大坚固，平均高度在7米以上，且敌楼密集。墙基用整齐的花岗岩石铺成，墙顶部用方砖铺成，城墙上可容十人并行

长城城墙

长城的主体建筑为城墙，大部分修建在山脉的分水线上。各个时期和各个地区修建的长城材料各有不同，有石墙、夯土墙，也有砖墙；一些地势险要地带则因地制宜，或将山崖改为城墙，或利用山崖建成雉堞，其中以夯土墙和砖石墙最为常见。长城城墙的主要目的是用于军队防御，为便于行进，城墙的平均宽度约5.7米。城墙的高度则与地势以及其所处地理位置有关，最险要处城墙达10米以上

易守难攻，能起到很好的防护作用。

西汉时期，为了保护通往西域的河西走廊，在修缮秦长城的基础上，又修建了从甘肃敦煌到新疆以及从内蒙古的狼山、阴山到达吉林的长城。与秦长城一样，汉长城也修在地势较高的地方，大多就地取材，如黄土高原上多用土夯筑而成，甘肃玉门关的汉长城则用砂砾石与红柳或芦苇层层压叠而成。

另外一个大规模修建长城的朝代为明代。从明洪武十四年（1381）至万历年间，长城先后进行了大约20次的大规模修整。明长城东起辽宁鸭绿江畔，西到甘肃嘉峪关，穿越了现在的辽宁、河北、天津、北京、内蒙古、山西、陕西、宁夏、

甘肃等9个省、自治区和直辖市，全长6350千米，这也是目前见到的大部分长城。明代沿长城分设四大重镇，分别为宣化镇、辽东镇、北府镇、榆林镇，后又增加了宁夏镇、甘肃镇和蓟州镇。目前保存最为完整、最壮观的是八达岭长城，保留相对完整的是山海关、嘉峪关段的长城。

城墙上的主要建筑包括敌楼、敌台以及关隘。敌台上的重楼是敌楼，上层有垛口，中间四面设有箭窗，下面可以发射火炮。敌楼中可以遮风避雨，又可以储存武器。修建在平地上的敌台，一般为方形，高出城墙顶部约4米，建在险要地势上的敌台，一般为圆形，形状

59

如同碉堡。关隘又被称为关城或关口、隘口，是在长城险要地段修建的关口。关隘设有关门，供人出入，一般又设几道关墙，便于防守。敌台也称为墙台，是长城城墙上每隔一段距离修建的突出于墙外的台子，墙台与城墙同高，三面设垛口，供士兵射击，有些是供巡逻士兵躲避风雨用。

敌楼和敌台

山海关

山海关是长城上著名的关隘之一，是明长城的东北起点，位于今河北省秦皇岛市东北方向，北面为燕山余脉，东南为渤海湾。山海关又称榆关，因临古渝水而得名。明洪武十四年（1381），大将军徐达见此处"枕山依海，实辽蓟咽喉"，便在这里修筑长城，建筑关隘，并改名为山海关。山海关高14米，厚7米，长达4千米左右，是一座砖石包砌的城墙。山海关素有"天下第一关"之称。山海关城楼为九脊重檐，设四座城门，分别为镇东门、望洋门、迎恩门、威远门四门。现在山海关大体保存完整，门额上悬有"天下第一关"匾额。

山海关城楼为二层重檐歇山式楼。登上城楼二楼，可俯视山海关城全貌及关外情况

"天下第一关"的行楷大字匾额，为明代当地进士、著名书法家肖显所书

砖石包砌的城墙，能起到很好的防卫效果

城楼下设拱形城门，平时供人们出入，在危急时刻也便于防守

汉代长城玉门关遗址

　　玉门关是汉代重要的关隘，为通往西域各地的门户，又是重要的屯兵之地，汉代玉门关位于敦煌西北

嘉峪关

　　嘉峪关是万里长城的西部终点，地处甘肃省河西走廊中部。明洪武五年（1372），征房大将军冯胜看中嘉峪山西北麓的险要地势，选为河西第一隘口，并筑城设关，之后不断重修和扩建，逐渐形成长城最大的关隘，也是全国规模最大的关隘，被誉为"天下第一雄关"。嘉峪关由内城、外城、城壕三道防线组成，呈重叠并守之势，形成五里一燧，十里一墩，三十里一堡，一百里一城的军事防御体系。

城门向外突出，城楼高大结实，比城墙厚实

城墙上设有连续凸凹的雉堞，战时可以掩护守城士兵

嘉峪关的城关是三层重檐歇山式城楼，每层楼外设有廊道

嘉峪关是目前保存程度最为完好的古代军事城堡，也是明代及以后长城沿线的军事要塞

嘉峪关呈重城并守之势，关城内有三重城郭，城内有城

◆ 宫城

宫城是设有城墙的皇宫的总称，是帝后、皇室成员居住和活动的场所。约成书于战国后期的《吕氏春秋》中提出了营建宫室及都城的具体法则："古之王者，择天下之中而立国，择国之中而立宫，择宫之中而立庙。"古代的建筑理念，"天子居中"象征四方一统，天下归心，构成正统地位。在古代一些礼制文献中，理想的

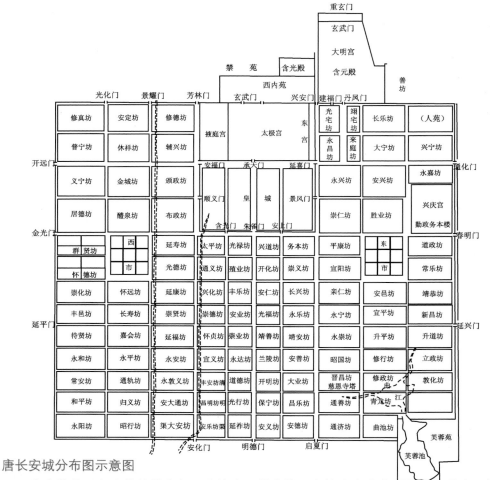

唐长安城分布图示意图

唐宫城位于长安城的最北部，宫城南面是皇城，皇城左右为东西二市，其余里坊则是住宅及寺庙和部分府衙。皇城南北各有三座城门，东西设二门，皇城内设太庙、太社等。宫城东西长度与皇城等长，南面设五门，北面和西面各设两门，东门设一门。宫城的正中是供皇帝处理政事和居住的太极宫。从唐太宗开始，又在长安城东北兴建了大明宫和禁苑

宫城必须居中而立，且布局规范严谨。

不过早期的宫城并不一定居于城的正中。春秋时期的宫城多依地形而建，选定的基址并不一定是城市的中心。之后历代的宫城也不一定居中，如汉长安城和隋大兴城、唐长安城等都城，都不属于宫城居中的模式，直到元以后，才将宫城建于都城的正中心。

各个时期的宫城都有规制。被认为是夏朝遗址的二里头宫殿遗址中，已测得的数据显示，二里头宫城平面东西宽约300米，南北长约360米，宫城平面布局略呈长方形，周围绕以围墙。这是早期宫城的形式。秦汉时期，因地旷人稀，宫城的基址大约在万亩左右。从隋唐开始，人口开始增多，宫城的规模一般控制在千亩左右。北宋汴梁的皇宫是在旧衙的基础上改建的，基址规模仅"周回五里计"，较为狭小。北宋西京洛阳宫城的基址规模为"周回九里三十步"。金中都宫城、元大都宫城、明初营建临濠（凤阳）中都城、北京紫禁城，基址规模为"周九里三十步"。这个数字与实际长度有出入，且有时指宫城，有时指皇城。但宫城大体在"周九里三十步"左右，因为"九"为至尊，"三十"寓意圆满。

宫城建筑布局遵循"左祖右社"制度（又称"左庙右社"），即在宫城左边建太庙，宫城右边建社稷坛。这一布局是古代礼制在建筑布局上的体现。

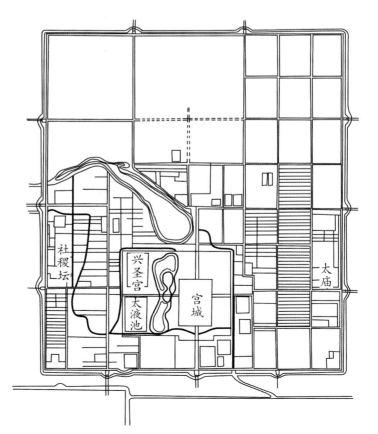

元大都平面示意图

元大都中的主要建筑是宫殿建筑。皇城内包括三组宫殿建筑、太液池和御苑。宫城位于全城中轴线的南端，也是元朝的主要宫殿。宫城的西边是太液池。池西侧之南是西御苑，北部是兴圣宫。宫城北面是御苑。皇城东西两侧建太庙和社稷坛

我国目前保存最为完整的宫城为紫禁城。紫禁城建于北京皇城和内城的中心，符合"择国（都城）之中而立宫"之礼。紫禁城内的建筑布局，符合"择中立宫、立庙"之礼，外朝、内廷的营造修葺体现了宫城"煌煌于肯构宏图，创垂亿万年之盛轨也"的意义。从目前测量的数据来看，紫禁城城墙南北长960米，东西宽753米，周长3428米，高7.9米，顶部厚6.66米，断面为梯形。城墙的内外表面均用城砖包砌，墙心为夯土垫实。

城墙的顶部外侧砌筑雉堞墙，上置"品"字形垛口。垛墙通高1.34米，厚0.37米。顶部内侧砌筑宇墙（女儿墙），宇墙略低于堞墙，墙顶砌出檐砖和琉璃披水，上覆扣脊瓦。城墙的四面都有城门，南门称午门，北门称神武门，东门为东华门，西门为西华门。午门为紫禁城的正门，位于紫禁城中轴线的最南端，除午门外，中轴线上分布的主要建筑从南到北依次为太和门、太和殿、中和殿、保和殿、乾清门、乾清宫、交泰殿、坤宁宫。

从景山看故宫一角

宫殿被认为是封建社会上层建筑的表现形式之一。现存的北京故宫，可以称得上是中国封建社会最完整、最典型的宫殿建筑艺术，也是世界上独具一格和最有代表性的中国宫殿建筑的集大成之作。故宫始建于明永乐年间，之后又陆续进行了扩建。清代承明代旧制，仅对部分建筑进行了改建或重修。立于景山山顶向南俯瞰，可以看见故宫金碧辉煌的屋顶

北京故宫皇极殿

　　皇极殿是宁寿宫建筑群内第一大殿，建筑下部为汉白玉石须弥座式高台，四周设护栏，护栏上饰有螭首。殿面阔七间，左右有游廊各一间，重檐庑殿顶，上覆黄琉璃瓦。殿内明间设六根沥粉浑金的盘龙金柱，顶上有雕龙藻井，殿内设有宝座。此殿始建于康熙二十七年（1688），乾隆三十七年（1772）扩建，形制上略低于太和殿

北京故宫内的甬道

　　故宫内的围墙高大，墙体刷有红漆。宫内的甬道用条石铺成，是宫廷内的主要交通线。路两侧有用砖铺设的散水，目的是保护地基不受雨水浸蚀

皇城

皇城是都城和宫城之间的区域，由城墙环绕，有独立的城门，是保护宫城、为宫城提供各种服务的特殊城池。一般情况下，皇城内包括宗庙、官衙、仓库等建筑，有些皇家园林也建在皇城内。皇城在春秋时期已出现，不过并没有明确的定义，属于皇城的范围也很模糊。

南北朝时期，北魏迁都洛阳后，在洛阳重修城池。根据当时的规划，将洛阳旧城布置成类似皇城的内城，城内设置宫殿、园林以及处理公事的机构。"皇城"明确的概念出现于隋文帝兴修大兴城时，大兴城内专门设立有皇城。隋代东都洛阳也采用了类似的布局。之后，皇城的布局一直被沿用。

以北京皇城为例，北京城由四座城

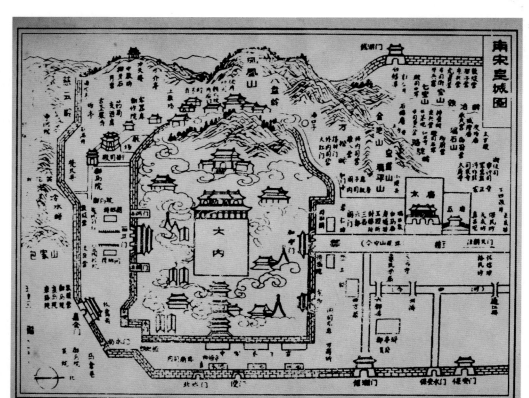

南宋皇城图

南宋临安城的兴建从绍兴二年（1132）开始，宋高宗"命守臣具图经画建康行宫"。南宋正式定都临安为绍兴八年（1136），皇城位于凤凰山东麓，绍兴十八年（1146）至绍兴二十八年（1156）曾几次扩建。《临安志》中记载："绍兴十八年（1146），名皇城南门曰丽正，北门曰和宁，东苑曰东华……皇城周回九里。"从平面图上看，南宋皇城平面为不规则形状，皇城的正门为丽正门，"皆金钉朱户，画栋雕甍，覆以铜瓦，镌镂龙凤飞骧之状，巍峨壮丽，光耀溢目"

垣组成，中心为紫禁城，即故宫。外围有内城和外城。在紫禁城和内城之间是红墙黄瓦围成的皇城。据梁思成先生《中国建筑史》记载，"明代……北京城周六里一十六步，门八。皇城周一十八里有奇"。到了清代，皇城已经拓宽到二十二里。明清时期的北京皇城范围，南到如今的长安街，北到平安大街，西到西皇城根一线，东到东城区南北河沿。东西长约 2500 米，南北约 2790 米。

北京皇城城墙的东、南、西、北四个方位都开有城门。至于皇城有多少座城门，目前还没有统一的说法。《大清会典》一书中记载皇城"其门有七"，其中包括皇城南面的承天门（清代改为天安门）、西面的西安门、东面的东安门和北面的北安门，以及天安门正南的大明门和天安门左右两侧的长安左门和长安右门。皇城的正南设有"T"字形广场，称千步廊。

建筑的形态

北京皇城的历史

北京建皇城的历史可以追溯到元大都时期。13 世纪中后期，元世祖在原来金中都的东北侧建起了元大都，在元大都偏西南的地方，修建了以北海公园为中心的皇城。如今保存下来的北京皇城建筑是明代建成的，是在元代皇城的基础上南扩了一部分，元代不少皇家园林被围在明代皇城以内。清代皇城沿用明制，基本格局并没有大变化，只是部分主体建筑被改建。

北京天安门

图国
典粹

建筑

◆承天门

明代的承天门位于皇城南墙的正中，面阔五间，进深三间。清顺治年间改建。改建后的天安门通高33.7米，楼下为汉白玉须弥座，上部的砖砌涂朱色，城楼面阔九间，进深五间，楼外有汉白玉石栏环绕，重檐歇山黄琉璃瓦顶。

◆天安门

天安门城台下有五个供人进出的门洞，其中中间的门洞等级最高，也最大，明清两代只有皇帝才能由此门通过。剩下的四个门洞分列左右，最外面的两个门洞最小，明清供四品以下官员通过，中间的两个门洞比正中的门洞小，供王室成员和三品以上的官员进出。

◆长安左门

天安门前东西两侧有长安左门和长安右门，长安街因此二门而得名，取长治久安之意。两门规制完全相同，门三阙，券门，汉白玉石门槛，单层歇山黄琉璃瓦顶，红墙，基础为汉白玉石须弥座。

长安左门在天安门的左面。明清每次举行科举考试的殿试后，写有考中人名字的皇榜都会贴在长安左门外搭建的龙棚内，考中功名意味着从此登入龙门，所以此门又被称为"龙门"或"孔圣门"，又被附会为五行中的"青龙门"。

◆长安右门

每年报批刑部审核的要犯、重犯都要在长安右门接受讯问，对于囚犯来说，进入此门就如进了虎口，所以此门又被称为"虎门"，并被附会为五行中的"白虎门"。长安左门和长安右门于1952年被拆除。

◆东安门

皇城东面城墙的门为东安门，东安门在皇城东墙中间偏南的位置，正对着宫城的东华门。明宣德年间，皇城扩建，东墙被移至玉河的东岸，东门也被移到了皇恩桥东侧，玉河被皇城东墙圈入了皇城内。东安门面阔七间，进深三间，正中明间和左右次间均为门，左右稍间和末间供守门士兵使用。门基为青白石，红墙，单檐歇山黄琉璃瓦顶。东安门于1912年被毁。

◆西安门

皇城西墙中间偏北的城门为西安门，西安门并不与东安门对称，其规制与东门相同。1950年，西安门毁于火灾。

◆北安门

皇城北面为北安门，在皇城北墙的正中，清代时改称地安。地安门的形制与东安门、西安门形制相同。地安门于1954年被拆除。

◆大明门

大明门（清改称大清门，清灭亡后改称中华门）位于天安门的正南方，在北京城的中轴线上，也是天安门的外门，被誉为"皇城第一门"。大明门为三阙。大门南侧左右置石狮，并置有下马碑各一对。门北城有东西廊房，被称为"千步廊"。1959年，中华门被拆除。

从平面上来看，明清北京的皇城并不是规则的正方形，西南角还少了一个角。缺角的原因说法不一，流传较广的说法是：金代时，在后来明清皇城西南角的位置建有庆寿寺，据说该寺十分灵验。在修建元大都时，特意让城墙绕了一下，将寺圈在城墙内以保护好庆寿寺。明代修建皇城时，庆寿寺依然香火旺盛，为了不惹怒神灵，就让皇城绕道而建，于是皇城就缺了一个角。

此外，根据资料记载，在皇城和紫禁城之间有十二座门，这些城门早已荡然无存。

围在皇城中的建筑，包括明清两朝皇帝用于祭祀祖先的太庙、祭祀社稷的社稷坛。社稷坛和太庙分列天安门左右。

皇城内南池子南口的东面，有一组用红墙围起来的结构紧凑的古建筑，坐北朝南，它是保存明清两朝皇家档案的皇史宬。

皇城内有供皇帝和后妃游乐的园林，最著名的是紫禁城后面的景山和紫禁城西面的西苑三海，即北海、中海和南海。在皇城内还有几十座皇家寺庙。明代统治者信奉道教，在景山附近有盛极一时的皇家道观大高玄殿。清代统治者推崇藏传佛教，在皇城内也修建了多座藏传佛教寺庙，包括普度寺、普胜寺等。

除此之外，在皇城内还有专门负责宫廷日常生活的衙署等机构，如位于今天西城区的会计司、惜薪司等，这建筑多为青砖灰瓦。

北京北海五龙亭

西苑中包括五龙亭、琼华岛、瀛台、水云榭、丰泽园、紫光阁、静心斋等多处景点，是皇城风景最优美的地方。五龙亭是清顺治年间修建，原为明太素殿的旧址，中间最大的亭子名龙泽，双重檐，上圆下方，是供清代帝后钓鱼、赏月、观看焰火的游乐之处。龙泽亭两侧对称修建有四座亭子

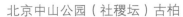
北京中山公园（社稷坛）古柏

　　社稷坛位于天安门的西面，是明清两代祭祀社、稷神祇的祭坛。如今已改为中山公园

北京景山万春亭

　　景山在紫禁城的正北方，明代称"万岁山""煤山"，清顺治年间改称景山。景山园内遍植名花异草，依山势造有五座亭子。从东向西依次为观妙亭、周赏亭、万春亭、富览亭、辑芳亭。其中万春亭位于景山的最高峰，也是紫禁城中轴线的中心点和最高处。亭为四角攒尖式，三层檐

◆ 宫殿

宫殿是供帝王、皇后、嫔妃举行朝会、大典以及居住的地方，规模宏大，凸显王权的尊贵。我国古代宫殿是严格按照《周礼》提出的"礼制"设计出来的，布局规范严谨，建筑的体制以及布局、规模等，都有相应的制度。

宫殿的营建要遵循一定的原则，其中包括"三朝五门"之制、"前朝后寝"之制、中轴对称之制、四隅之制等。但历史上的宫殿在布局上真正遵循三朝五门之制的并不多。较为典型的是明清两朝的紫禁城，是完全按照"三朝五门"之制建筑的。

宫殿布局的另外一个原则是"前朝后寝"，也就是帝王举行朝会的宫殿在诸殿前面，帝后起居的宫殿在礼仪宫殿的后面。"前朝后寝"之制可以追溯到新石器时代。商周时期已演变为前朝和后寝相分离的布局。汉唐时期的宫殿，都遵循"前朝后寝"之制。北宋汴梁的宫殿是在原有府衙的基础上改建的，但建筑布局也是"前朝后寝"，只是前朝和后寝不在同一条中轴线上。除此之外，一些宫殿的院落也多依"前朝后寝"之制，一般为二进院形式，第一进院中的正房为用于接待的大殿或厅堂，第二进院中的正房，用作寝宫。

宫城的建筑布局，严格遵循中轴对

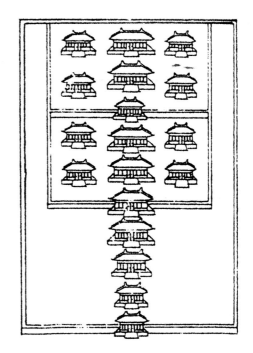

《三礼图》之周代寝宫图 聂崇义（宋）

三朝五门

　　"三朝五门"制度最早始于周，据《周礼·考工记》中记载，三朝是古代帝王因朝事活动内容不同，在不同规模的殿堂内举行，三朝分别指外朝、治朝、燕朝（又被称为大朝、日朝和常朝三朝），并确立了举行三种朝事活动的殿堂，名为三朝制。五门是指宫殿的五道门，从南至北，依次为皋门、库门、雉门、应门、路门（路门又被称为毕门）。

称。宫城重要的建筑群位于中轴线上，次要建筑群建于重要建筑的两侧。以紫禁城为例，外朝三大殿建筑群与文华殿、武英殿建筑群，布局呈左辅右弼之势，后廷三宫与东、西六宫的布局，也符合中轴对称之制。

宫城内的宫殿建筑布局也讲究中轴线对称，虽然宫城每组建筑都是封闭的独立空间，但在其内部又有自己的南北中轴线，在中轴线南端布置宫门，之后的建筑依次为前殿、后殿，配殿布置在前殿、后殿的东西两侧。

宫城的四隅布局也很讲究，古代称四隅为"地维"或"四维"，《周礼·考工记》中明确提出了四隅之制，这一建筑体制被宫城所采用。宫城四面设角楼就是四隅之制的体现。

宫殿一般规模庞大，建筑雄伟，各个时期的宫殿也是当时社会经济、文化等的具体体现。不过，因为战争以及改朝换代等原因，这些宫殿被毁掉或拆除，如今完整保存下来的帝王宫殿只有北京故宫（古称"紫禁城"，是明、清两代的皇宫。）和沈阳故宫。

故宫午门

午门是明清皇宫紫禁城的正门，因在紫禁城中轴线之南向阳的位置，故称"午门"。午门始建于明永乐十八年（1420），以后又多次重建或重修。午门平面呈"凹"字形，左右两侧有双阙前出，呈拱卫状，是唐宋以来皇宫正门形制的延续，也是中国古代建筑门阙合一形式的体现。午门门楼面阔九间，进深五间，重檐庑殿顶。正楼左右设有钟鼓亭，两翼设庑廊，庑廊两端有建阙楼，共四座。午门墩台下正面中央有三个门，从背面看午门有五个门洞。

午门是进出紫禁城的正门，也是皇帝颁发诏书的地方。战争获胜时会在这里举行庆祝仪式。此外，午门前的广场，也是杖责官员的地方。

北京故宫午门

紫禁城的布局特点

　　紫禁城的布局有以下几个特点：一、建筑中轴对称布局，中轴线上为主要建筑，高大华丽，两侧建筑比主建筑低矮，体现出皇权的至高无上。二、按照《周礼》中提出的"左祖右社"的布局形式。三、依然保持前朝后殿的建筑布局，前朝的建筑为帝王举行大典、朝会的地方，后方是供帝后、后妃居住的地方；四、宫殿保持《周礼》中提出的"三朝五门"制度，明清紫禁城与"三朝"相对应的三个区域为天安门外是外朝、午门以内为治朝、乾清门以内为燕朝。明代紫禁城对应的五门分别为大明门、承门、端门、午门和太和门；清康熙年间，常朝由原来的太和门移到了乾清门，所以清代的五门是从天安门开始的，此后依次为端门、午门、太和门、乾清门。三朝也相应的改变为：外朝为天安门以外，治朝为午门以内至乾清门，乾清门以内为燕朝。

国粹图典

建筑

◆太和殿

太和殿是外朝三大殿的主殿，俗称"金銮宝殿"。太和殿明永乐十八年（1420）始建成，被称为"奉天殿"，嘉靖四十一年（1562）改称"皇极殿"。明代时奉天殿三次被毁。清顺治二年（1645）五月修缮三大殿时，将皇极殿改称中和殿。

太和殿面阔九间，进深五间，殿东西两山是平廊，再通过三重高台上的斜廊与东西走廊相通。康熙年间，太和殿失火重建，出于防火灾的考虑，殿的东西两侧被加上一排柱子，形成了夹室。太和殿阶基为白石须弥座，立在三层白石阶上。顶部结构为重檐庑殿顶式，上覆黄琉璃瓦，从地面到屋顶，加上大吻的卷尾，通高37.44米。

太和殿不是皇帝日常办公之所，而是朝廷举行大典的地方，皇帝的登基大典，每年元旦、冬至、万寿节（皇帝生日）和国家的重要庆典，才会在这里举行。此外恭上皇太后的徽号、册封皇后、册封太子的大典以及宣布殿试结果等，也在这里举行。

额枋上的金龙和玺彩画

龙吻

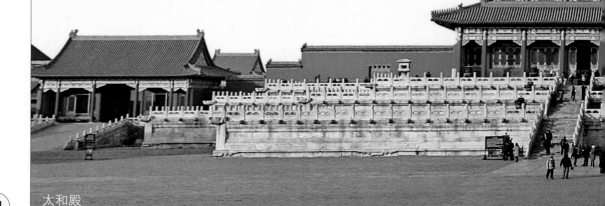

太和殿

太和殿内的蟠龙藻井

太和殿前的铜香炉

太和殿前的铜缸

太和殿内的陈设

◆保和殿

保和殿位于中和殿之后，也是外朝三大殿最后面的一座殿，始建于明永乐十八年（1420），称谨身殿，谨身殿也曾多次毁于火灾，又多次重建。明嘉靖年间改称建极殿，后又改名位育殿。清顺治二年（1645）改称保和殿。

现在的保和殿为明万历年间重修的建极殿的原结构，面阔九间，进深五间，重檐歇山顶式，上覆黄琉璃瓦。因为在建筑手法上采用了宋、元时期的"减柱造"法，减少了殿内前檐金柱六根，所以殿堂显得十分宽敞。

明代谨身殿是册封皇后、太子时，皇帝进出太和殿前后更换服装的地方。每年的正月初一和十五，皇帝也会在这里设宴款待王公大臣，一些少数民族首领、宗教领袖等进京观见时，也多在这里赐宴。清初因乾清宫破败不堪，清顺治帝和康熙皇帝曾把这里当成生活起居的地方。清乾隆以后，殿试改在这里举行。

保和殿

丹陛

保和殿内的陈设

◆乾清宫

　　乾清宫是内廷建筑中体量最大、最高的建筑，面阔九间，进深五间，重檐庑殿顶，上覆黄琉璃瓦，地面到屋顶正脊高24米。宫前陈设与太和殿的陈设相同。

　　明代从永乐皇帝之后，都以乾清宫为寝宫，清代顺治、康熙皇帝以乾清宫为寝宫。雍正皇帝起，皇帝的寝宫改在养心殿，但一些重要的接见活动以及内廷礼仪和赐宴仍在这里举行。此外，皇帝死后都要在乾清宫停灵27天。

乾清宫内的陈设

乾清宫前的江山社稷金殿

乾清宫

◆交泰殿

交泰殿在乾清宫和坤宁宫之间，最初建内廷时，只修建了供皇帝居住的乾清宫和供皇后居住的坤宁宫，后又仿外朝三大殿增建了交泰殿。清顺治十三年（1656）重建交泰殿，康熙十二年（1673）又重修；嘉庆二年（1797）焚毁，嘉庆三年（1798）重建。

交泰殿是明清时期皇后在节日、庆典接受妃嫔、命妇、宫女们祝贺和皇子们行礼的地方。清代时，交泰殿被用作收藏皇帝御印之所，乾隆皇帝钦定的宝玺二十五方曾被收藏在交泰殿。

交泰殿中央设皇帝和皇后的宝座，殿内左侧陈设古代计时器漏壶，殿内右侧陈设西洋自鸣钟。

交泰殿内的陈设

交泰殿

◆坤宁宫

坤宁宫在交泰殿的后面，为供皇后居住的寝宫，始建于明永乐十八年（1420）。明代的皇后都在此居住。

坤宁宫面阔九间，进深五间，单檐庑殿顶，黄琉璃瓦，建筑规格较高。清顺治十三年（1656），坤宁宫被改建，原来明间的正门被移到东次间，改为板门，其他几间将原来的菱花隔扇门窗改为直棂吊窗；东两间隔为暖阁，为清代皇帝大婚时的洞房；两个稍间改为穿堂；最西面的一间被用来存放神像及祭器等，中间四间连通，成为祭萨满神的神堂，其北、西、南三侧有环形大炕。西侧大炕上供奉着朝祭的神位，北侧大炕上供奉着夕祭的神位。神堂东北角隔出一小间专门准备祭品。

祭萨满的神堂　　　　　　　　　　　　皇帝大婚的洞房

坤宁宫

◆神武门

　　神武门在紫禁城中轴线最北面的位置，是皇宫的后门，始建于明永乐十八年
（1420），初名玄武门，后因避康熙皇帝（玄烨）讳改称神武门。神武门面阔五间，
进深一间，东西两面山墙有双扇板门，通向城墙及左、右马道。城楼内有钟鼓，明
代属钟鼓司，清代隶属銮仪卫掌管，钦天监每日派一名博士到此门轮值，指示更点，
按时鸣钟鼓。皇帝在宫内居住时，则只打更不鸣钟。

　　神武门有门洞三座，宫内的侍卫、太监等常由此出入，清宫选秀女时，备选者
从这里入宫。皇帝外出巡幸时，皇帝走正门出，陪同的后妃从神武门出发。

　　除以上提到的中轴线上的主要建筑之外，宫内还有不少建筑设施，如三大殿的
辅助建筑，供后妃居住的东西六宫，供帝后在紫禁城游玩的御花园，等等。

神武门

礼制坛庙是中国古代遵从礼制要求而建的祭祀建筑，主要包括坛和庙，通常在建筑群内设享殿、斋宫、具服殿，以及拜殿、神厨、神库等。《史记》中记载，黄帝曾多次封土为坛，"鬼神山川封禅与为多焉"。夏商时期已十分重视祭祀，据《考古记》中所载，夏建有祭祀的世室，商朝建有重屋，周朝建有明堂。汉代坛庙分开，并确立了祭祀的礼仪等级。之后，各朝各代都修建有坛庙建筑，不只是数量上在增加，祭祀的制度也逐渐完善。

礼制坛庙多由朝廷修建，属宫廷建筑的范畴，其所处的位置，有的在皇城之内，有的在京城郊野，也有的建在全国各地。其建筑的表现手法较为突出的是以下几个方面：一、营造园林环境。皇家礼制坛庙一般占地面积较大，主体建筑在中心，外面多设围墙，并多种植松柏树。二、建筑排列严密有序。建筑沿中轴线布置，前面有前导建筑，主体建筑空间较大，后面空间较小。三、主体建筑突出。四、建筑的等级规格表现明显。坛庙有着严格的等级制度，一组建筑中，主次建筑的体量、形式、装饰、色彩等都必须符合等级规矩。五、用象征手法来表示某类坛庙的特殊用途。如用圆形象征天，用方形象征地，五色象征五方、五行等。

坛庙建筑还包括祭祀祖先的宗庙，祭祀天地、日月、谷神等神仙的坛，祭祀历史人物和山川的祠庙；在城市和乡村中祭祀神灵的杂祀庙，如土地庙、城隍庙等。修建祭祀建筑的目的是为了消除天灾人祸、祈福和报谢。

北京天坛祈年殿

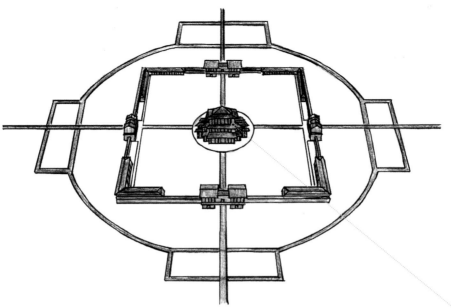

汉代长安南郊礼制建筑总体复原图

　　汉代长安南郊礼制建筑群距长安城南墙约两公里。整座建筑呈中轴对称布局。建筑最外围为直径 36.8 米的圜水沟，沟宽 2 米，深 1.8 米。沟内为围墙，围墙的四隅设有曲尺形的配房，建筑相对简单，形式廊屋。围墙四面对称的位置设有四座门。建筑正中是主体建筑辟雍

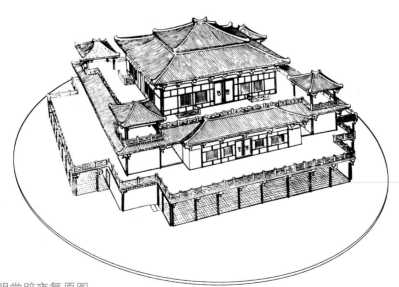

明堂辟雍复原图

　　辟雍是最高级别的皇家礼制建筑。辟雍主体建筑建在圆形夯土台上，夯土的正中是平面呈"亚"字形的台基，台基上建主室、夹室，台基四面设四堂

坛

坛，一般设在都城周围，目前保存相对完整的坛式建筑是北京的九大祭坛，包括天坛、地坛、朝日坛、夕月坛、祈古坛、太岁坛、先农坛。

天坛

天坛是中国现存最大的古代祭祀性建筑，其建筑布局依照天圆地方的观念布局，天坛围墙平面南部为方形，象征地象，北部为圆形，象征天象。天坛中轴线上的主体建筑包括南端的圜丘坛、皇穹宇和北端的祈年殿。西部有斋宫。

天坛原称"天地坛"，始建于明成祖永乐十八年（1420），位于北京南城东侧，与先农坛相对。天坛原本是祭祀天地的场所，明嘉靖九年（1530）另建祭祀地神的地坛，天坛就成为专门祭祀上天的场所。

北京天坛皇穹宇

皇穹宇原称泰神殿，是一座方形殿宇。嘉靖十七年（1538）重建改为单檐攒尖顶的圆形建筑，上铺蓝琉璃瓦。正殿为皇穹殿，殿高 22.35 米，面积 191 平方米，台基为汉白玉石须弥座，东、西、南三面出阶，南面出阶中为御路

北京天坛圜丘坛

圜丘坛又称祭天坛，原为三层蓝色琉璃圆坛，清乾隆十四年（1749）扩建时，圆坛被改为青石台面，围以汉白玉石栏。圜丘坛是三层露天圆台，外方内圆的两道围墙象征"天圆地方"。坛面、台阶以及栏杆上的构件，都是九或九的倍数。坛中心有一块圆形石板，称天心石，站在上面发出声音，周围就有回音

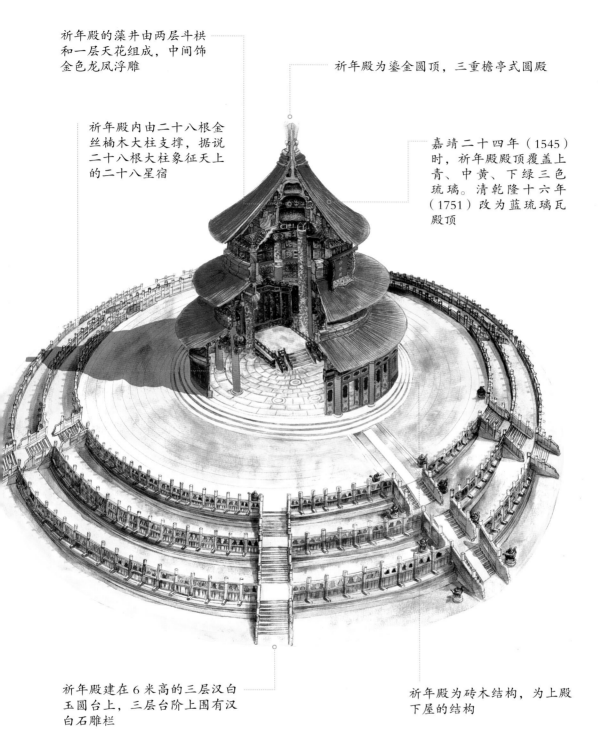

祈年殿的藻井由两层斗栱和一层天花组成，中间饰金色龙凤浮雕

祈年殿为鎏金圆顶，三重檐亭式圆殿

祈年殿内由二十八根金丝楠木大柱支撑，据说二十八根大柱象征天上的二十八星宿

嘉靖二十四年（1545）时，祈年殿殿顶覆盖上青、中黄、下绿三色琉璃。清乾隆十六年（1751）改为蓝琉璃瓦殿顶

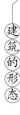

祈年殿建在6米高的三层汉白玉圆台上，三层台阶上围有汉白石雕栏

祈年殿为砖木结构，为上殿下屋的结构

北京天坛祈年殿示意图

　　祈年殿直径32米，高38米，是天坛规模最大的建筑。殿建在6米高的三重汉白石须弥座高台上，使大殿有高耸云端的巍峨气势

地坛

地坛是祭祀地神的坛庙。据史料记载，夏朝五月祭地祇，商朝六月祭地祇，周朝夏至祭地祇，并确立了"祭地于泽中方丘"的礼制。西汉成帝元年（前32）按照阴阳方位在长安城西北郊建天地之祠，之后历代都城都设有祭祀地神的坛庙。

北京地坛位于安定门外大街东，建于明嘉靖九年（1530），初定名方泽坛，嘉靖十三年（1534）改称地坛。乾隆时期在整修地坛时，将坛墙的绿琉璃瓦改成黄琉璃瓦，黄琉璃瓦坛面改成墁石地面，并修建了牌坊等附属建筑，形成了如今的地坛。地坛的主要建筑包括方泽坛、皇祇室、神库、神厨、宰牲亭、钟鼓楼、斋宫等。

北京地坛的方泽坛

方泽坛是地坛的主体建筑，坐南朝北，是汉白玉石砌成的两层方台，俗称拜台。方泽坛上层高1.28米，边长20.35米，下层高1.28米，边长34.84米。四面出陛，每面设八级台阶。下层东西两侧设有四个石雕座，是祭祀时放置五岳、五镇、四海、四渎神牌之处

社稷坛

中国古代社会以农业立国，不仅都城设有社稷坛，而且在各城均设社稷坛，以求五谷丰登。每年的春、秋仲月上戊日，皇帝都来社稷坛祭祀，每逢战争、班师、旱涝灾害也都在此举行仪式。

北京的社稷坛位于天安门城楼西侧（现北京中山公园内），是明清两代皇帝祭祀土地神和五谷神的场所，建于明永乐十九年（1421），其主体建筑包括社稷坛、拜殿、神库、神厨、宰牲亭等。

社稷坛

社稷坛是一座由汉白玉石围砌起来的三层方坛，坛面上铺有黄、青、白、红、黑五色土壤，黄土居中，余下的按东青、西白、南红、北黑分布。坛中央有一个方形石柱，称"社主"，又称"江山石"，目的是为了求江山永固（此石现已不存），四周由矮墙围起来，墙上的琉璃瓦与相对的土色相对。坛北有拜殿，又称享殿或祭殿

日坛

日坛是用来祭祀日神的固定场所。据《礼记·王藻》记载："朝日于东门之外。"故历代都在都城的东郊举行祭日盛典。每逢春分时都要举行祭祀日神仪式，在明清两代，祭日的仪式比不上祭天、祭地的典礼隆重。明清两代，每逢天干甲、丙、戊、庚、壬年份，皇帝都要亲自祭祀，其余年份则遣大臣代祭。

北京日坛

日坛设在朝阳门外东南，坐东朝西，是明清两代春分祭祀日神的地方。坛台呈圆形，环台砌有墙墙。四面各设一座棂星门，坛中有白石方坛，称"拜神坛"，坛面用红琉璃砖砌成，清代改为青色方砖墁地。周围设有具服殿、神库、神厨、钟楼、宰牲亭等附属建筑

月坛

对月的祭祀之礼几乎与祭日礼同时形成。北周时基本形成秋分时在城西门外祭月的规制，其规格略低于祭祀天地的礼仪。每逢地支丑、辰、未、戌年份，皇帝亲自祭祀，其余年份派大臣祭祀。月坛为坛台式建筑，坐西朝东，是一层白石砌成的方台。祭坛四周设墙，墙墙之外设具服殿、神库、神厨、宰牲亭等附属建筑。

北京月坛钟楼

北京月坛位于阜成门外南礼士路西侧，始建于明嘉靖九年（1530）

先农坛

先农坛是用来祭祀先农、山川、太岁诸神的地方，其中祭祀的包括先农、五岳、五镇、四海、四渎、风云雷雨、四季月将等诸神。北京先农坛与天坛相对，又称"山川坛"，始建于明永乐十八年（1420），嘉靖十一年（1532）将其改为"神祇坛"，增建了太岁坛、天神坛、地祇坛等，明万历年间又增建了斋宫、神库等建筑。明清时期，皇帝每年都要在先农坛祭祀先农，行耕田之礼，以示劝农从耕。

北京先农坛太岁殿

先农坛地祇坛

地祇坛位于太岁殿之南，始建于明嘉靖十一年（1532），分天神坛和地祇坛。天神坛在东边，坐北朝南，祭祀风、云、雷、雨四神。地祇坛在西边，坐南朝北，为方形台，祭祀五岳、五镇、四海、四渎神

庙

"庙"原指天子、诸侯祭祀祖先的处所，后来扩大到神灵，包括祭祀孔子的文庙、祭祀圣哲先贤的各类庙。南宋之前臣民祭祀祖先的场所称家庙，南宋朱熹著《家礼》后，改称祠堂。

五岳庙

五岳庙也是礼制坛庙的范围（五岳是指东岳泰山、南岳衡山、西岳华山、北岳恒山、中岳嵩山），体现了帝王对山川的崇拜。对五岳的崇拜由来已久，古人认为天上有五方帝，五岳就是五方帝在下界的驻跸之所。古代天子会定期巡狩五岳。《史记·封禅书》就有关于舜帝五年一次巡狩五岳的记载。之后，历代皇帝为祭祀五岳山神，就在五座山下各敕建一座庙宇，成为祭祀五岳山神的主庙，统称五岳庙。

泰安岱庙

岱庙位于山东省泰安市泰山南麓，是供奉泰山山神的寺庙。曾有不少帝王到泰山封禅，举行大规模的祭祀活动，并在岱庙中居住，所以其又具有行宫的性质。岱庙自从金代直到清代，屡建屡毁。现存建筑为清康熙三十五年（1696）重建，主体建筑包括邀参亭、正阳门、配天门、仁安门、天贶殿、寝宫、厚载门等。岱庙平面呈矩形，主要建筑沿中轴线布局。庙中的主体建筑是供奉东岳大帝的天贶殿，面阔五间，进深三间，中心部位设藻井，殿前有宽敞的月台，月台四周有雕栏环抱。庙内前后种有松柏，起到点缀的作用。

山东省泰安岱庙

宗庙

　　帝王、臣民祭祀祖先的场所称为宗庙，也是礼制坛庙的一种。宗族为祭祖而立的祠堂（又称家庙）也属礼制坛庙建筑。朱熹著《家礼》以后，臣民家庙改称祠堂，其建筑布局有规制。明嘉靖帝时"许民间皆得联宗立庙"。清代制定了祠庙制度，对不同官阶的宗祠的开间、台阶都有了明确规定，宗祠也就变成了礼制建筑。祠堂的布局有三种不同的形式，朱熹《家礼》中记载的祠堂是在正寝之东设置四龛以奉高、曾、祖、考四世神主，这是唐宋时期三品官家庙的形式，宋、元及明初的祠堂都是这种布局；第二种是将先祖的故居改为祠堂，平面布局根据各地民居的建筑模式而有不同；第三种是独立于居室外的大型祠堂，中轴线的主要建筑分大门、享堂和寝堂，其中享堂是祭祀祖先神主、举行仪式以及聚会的场所，寝堂则是安放祖先牌位的地方。

北京历代帝王庙景德崇圣殿

　　历代帝王祭祀祖先的宗庙，也是礼制坛庙的一种。北京的历代帝王庙俗称"帝王庙"，位于阜成门内大街北侧，始建于明嘉靖九年（1530），清雍正七年（1729）重修，清乾隆二十九年（1764）再次重修。历代帝王庙是明清两代祭祀历代帝王的建筑，其主体建筑为景德崇圣殿。大殿坐北朝南，黄琉璃瓦重檐庑殿顶，面阔九间，进深五间，下面有汉白玉石台基，三面围有护栏。殿内供奉的帝王随后世帝王的旨意而有所增减。明末祭祀的帝王有21人，清乾隆时祭祀的帝王有143人。大殿的东西两侧有配殿，殿内设有历代功臣名相牌位。

北京历代帝王庙景德崇圣殿

　　龙川胡氏宗祠始建于宋。明嘉靖年间，曾担任尚书一职的胡宗宪，联合族人在祠堂原址上兴建胡氏宗祠。胡氏宗祠坐北朝南，内部为中轴线左右对称布局，共分前后三进。宗祠门楼面阔七间，进深两间，门口左右立有一对石狮，门前有抱鼓石。门廊左右的八字墙有砖雕装饰，砖上图案有蝙蝠纹、万字纹、回纹，元宝墩上刻有花卉。这座宗祠也被认为是徽州建筑的杰出代表。

栅栏式门　　绘有门神的仪门　　　　　　砖雕装饰

鳌鱼　　　　木雕装饰

马头墙　　　　　　　　　　　　　　　翘起的檐角

安徽省绩溪龙川胡氏宗祠

孔庙

　　祭祀历史名人的建筑分布较广、影响最大的是孔庙。孔子是儒家创始人、伟大的教育家和思想家，他创立的儒家学说，对整个封建社会产生了极大影响。传说在孔子死后第二年（前478），鲁国国君鲁哀公将孔子曲阜的故宅改为庙宇。西汉武帝儒家思想地位确立后，历代帝王不断为孔子追加封号，并在各地兴建孔庙。清雍正年间，曲阜孔庙被修成全国最大的孔庙。明清时期，各地州、府、县都在城内修有孔庙（文庙），并成为当地最重要的建筑之一。孔庙的主体建筑分两大部分：以大成殿为中心的祭祀建筑和以明伦堂为中心的官学建筑。各地孔庙的这两大建筑群分布位置不同，建筑布局也各不相同，大体可分为"内庙外学"、"前庙后学"、"左学右庙"、"左庙右学"四种基本布局。但这两大建筑群内部的建筑却是统一的：以大成殿为中心的祭祀建筑群，列入国家祀典的祭孔场所，由大成殿和东西两庑组成。主轴线上设照壁、泮池、大成门、礼门、义路等辅助建筑，各地的孔庙都是这种布局形式。而官学建筑群，则由明伦堂、东西庑、学池、大门组成，周围多建有名宦祠、乡贤祠等辅助建筑。

曲阜孔庙

曲阜孔庙是一座共八进院落的建筑，前三进为庭园，种有柏树，第四进为奎文阁，第五进是十三座碑亭，第六进是大成门、杏坛、大成殿，第七进是寝殿，第八进是一座空院。

建筑分三条路修建：中路建筑依次为大成门、杏坛、大成殿、寝殿、东西两廊以及四个角楼；东路建筑有永圣门礼堂、崇圣祠、家庙；西路建筑有启圣门、金丝堂、启圣殿、寝殿。中路的最后是三合院，东为神庖、西为神厨。

杏坛是孔子讲学之处，位于大成门与大成殿之间，平面为正方形，每面三间。坛旁有一株古桧，称"先师手植桧"。亭内细雕藻井，彩绘金色盘龙，其中还有清乾隆"杏坛赞"御碑。大成殿是孔庙的主体建筑。奎文阁也是孔庙主体建筑之一，始建于宋天禧二年（1018）年，明弘治十二年（1499）扩建，阁内悬乾隆皇帝题匾。奎文阁是收藏历代帝王赐书、墨宝之处。

山东省曲阜孔庙大成殿

大成殿是孔庙的正殿，清雍正年间重建。殿高24.8米，是孔庙最高的建筑。殿为九脊重檐结构，屋顶覆黄瓦，双重飞檐正中竖匾上刻清雍正皇帝御书"大成殿"三个贴金大字

园林

皇家园林

皇家园林的布局追求意境的构成方式，历史上的皇家园林，先后出现过灵台灵沼、海岛仙山、摹写名胜、林泉丘壑、田园村舍、梵刹琳宇等诸多类型，有的在建筑的演变过程中被转化，有的一直被沿用下来。

灵台、沼池是皇家园林中出现最早、沿用时间最久的意境构成方式。最早的苑囿是域养禽畜供帝王游猎之园，构成苑囿最重要的建筑为灵台与灵沼。灵台是指用土、石夯筑的高大的灵台，是高山的缩影，也体现了古人对山岳的崇拜。《孟子·梁惠王上》载："文王以民力为台为沼，而民欢乐之，谓其台曰灵台，谓其沼曰灵沼。"灵沼则是人工开凿的水池，体现了人们对水的崇拜。《三秦记》载："昆明湖中有灵沼，名神池。"灵台、灵沼是园林建造中出现的人造山体与水体的结合，也是汉代之前皇家园林意境的重要构成方式，并极大地影响了皇家园林的构成。

"体象天地"、"经纬阴阳"是皇家园林的又一种布局方式，最早出现在秦代。《三辅黄图》中记载秦代修建的阿房宫区

北京颐和园的海岛仙山之美

海岛仙山可以追溯到秦始皇时期，秦始皇在咸阳东建兰池宫，园中挖池筑山，首创"一池三山"的造园模式，之后一直被历代皇家园林采用。秦汉之前的皇家园林都追求灵山之美，园景组合比较简单。海岛仙山的出现，使景观的层次变得更加丰富，在岛上观赏四周景物，又令人产生远离尘俗的感觉，大大提高了水体在园林景观中的地位。在颐和园昆明湖宽大的湖面上，建有三座小岛，这也是海岛仙山之美的注解

有"引渭水贯都，以象天汉"。此外，秦代修建的上林苑，也被《史记》描述为"表南山之巅以为阙……以象天极阁道绝汉抵营室也"。阿房宫的空间布局以天象星座为摹本，"体天象地"的规划设计是古人"天人合一"观念的体现。自秦代以后，"体象天地""经纬阴阳"一直是皇家园林最主要的意境构成方式。

海岛仙山从秦汉时期的皇家园林中演化而来，是以一座大水池或天然湖泊为中心，象征东海；池中以土或石堆成三座岛屿，象征传说中的海上的蓬莱、方丈、瀛洲三座仙山。这种布局方式，是继灵台、灵沼之后的一种人工山水意境的构想，也是皇家园林中使用时间最久的布局。这种布局方式原本是秦汉方士编造的"仙人故事"，却被一心追求长生不老的秦始皇、汉武帝信以为真，按照这种传说构成了海岛仙山的造园方式，并对皇家园林的发展产生了巨大的影响，使之成为皇家园林叠山理水的重要模式。汉代的建章宫、隋炀帝在洛阳修建的西苑、唐大明宫后苑中的太液池、北宋名园艮岳中的曲江池、金中都离宫——大宁宫中的太液池和琼华岛，清代的圆明园和颐和园都采用了海岛仙山的意境构成方式。

皇家园林的造景方式还包括追求田园村舍之美。田园村舍是隐居文人大力弘扬的造园意境，始于东汉两晋。陶渊明的《归去来兮辞》等作品，更是将田

北京颐和园又一村的田园村舍之美

田园村舍之美追求平淡朴素，不讲究奢华。明计成在《园冶》中专列"村庄地"一节云："古之乐田园者，居于畎亩之中，今耽丘壑者，选村庄之胜：团团篱落，处处桑麻，凿水为濠，挑堤种柳；门楼知稼，廊庑连芸。约十亩之基，须开池者三，曲折有情，疏源正可。"皇家园林中的田园村舍多在园林中偏僻的地方，又统一在全园景观之中

园村舍之美推崇到极致，并影响了皇家园林的构造。后世的皇家园林中，如北宋的艮岳，在西郊偏僻地段都设有田园村舍。清代时期修建的皇家园林，也常在局部景区中安排田园村舍，体现田园村舍之美。

摹写各地名山胜景也是皇家园林的

造景方式之一，从秦代已开始运用这一手法。史载秦始皇统一六国时，每消灭一个诸侯国，就在秦都城咸阳仿建该国的王宫，用来营建宫殿和园林。北宋名园艮岳也以模摹天下胜景于一园而著称。清代修建的皇家园林，更是将摹写各地名山胜景运用到了极致，正如《圆明园宫词》中所说："谁道江南风景佳，移天缩地在君怀。"

林泉丘壑的园林布局手法的出现，是中国皇家园林乃至整个园林建筑史的转折，始于魏晋南北朝时期。林泉丘壑被认为是文人造园的一种方式，这里造园时的叠山理水不再是对名山大川的模仿，而是在园林有限的空间内，造出起伏断续的山体，并与水、花木组合，表现出自然山野的气息。正如东晋简文帝修建华林园，"会心处不必在远，翳然山水，便自有濠濮间想也，觉鸟兽禽鱼自来亲人"。唐代中期以后，林泉丘壑之美又演化为"壶中天地"，也就是小型山水写意园的形式。

河北省承德避暑山庄烟雨楼

烟雨楼本是浙江嘉兴南湖湖心岛上的主要建筑。乾隆皇帝南巡时，曾数次登临南湖岛。回到北京之后，他命人在承德避暑山庄仿照烟雨楼原样复建了一座

林泉丘壑

林泉丘壑造园方式的出现，使皇家园林不用再远离都城，园林的空间也可以缩小，园林的功能也从狩猎转化为供人娱乐欣赏。不过，在皇家园林建筑中，多在局部景观运用林泉丘壑的意境构成方式

皇家园林的另一种构成方式是"梵刹琳宇"，也就是在园林中修建寺庙或道观等。修建梵刹琳宇是从道教、佛教的兴起而开始的，历代皇家园林中多修建有道观或寺庙，如据《大业杂记》中记载，隋炀帝在洛阳修筑的西苑中，在蓬莱、方丈、瀛洲三山之外还修建有通真馆、习灵台、总仙观等寺观建筑。清代皇家园林承德避暑山庄有永佑寺、珠源寺、碧峰寺等寺庙，也有广元宫、斗姥阁等道观。

河北省承德避暑山庄永佑寺六和塔

永佑寺舍利塔又称六和塔，位于避暑山庄万树园东北侧。永佑寺是清代皇帝祭祖的地方，也是避暑山庄平原区最大的寺庙建筑，寺内供奉有不少佛像

北京北海西天梵境大慈真如宝殿

　　在皇家园林中修建寺庙、道观等建筑，使皇家园林增添了几分脱俗的感觉。除出于园林造景的考虑之外，又是为了满足帝王后妃及皇室成员礼佛或修道的需要

北京颐和园智慧海

　　智慧海是颐和园内的佛寺建筑之一，在佛香阁的北面。智慧海采用砖石拱券技术，房屋结构不用木柱枋梁承重，全部用琉璃砖石材质，用发券的方法砌成，所以称为"无梁殿"。殿外部是砖石仿木结构，面阔五间，两层；汉白玉台基，垂带式三步台阶；外壁砌黄、绿色琉璃砖。前檐各间都装有两扇实塌门，门上饰方格拱窗；二层有三个拱门，没有尽间；后檐均有汉白玉石拱形门

颐和园是清代修建的一座皇家园林，也是目前保存得最完整的皇家园林，位于北京的西北郊。

　　清代帝王对营造皇家园林情有独钟，且对江南私家园林特别欣赏。从康熙皇帝到嘉庆皇帝，在北京西北郊营建了五座规模空前宏大的皇家园林，被称为"三山五园"。三山，是指香山、玉泉山、万寿山；五园是指畅春园、香山静宜园、玉泉山静明园、圆明园和万寿山清漪园。清漪园就是颐和园的前身，由乾隆皇帝亲自规划。清漪园建筑的叠山理水工程从乾隆十四年（1749）就已经开始。第二年，乾隆皇帝以为母亲孝圣皇太后祝六十大寿为由，拆除瓮山上的圆静寺，在原址上建大报恩延寿寺，并将瓮山之名改为"万寿山"。在修建大报恩延寿寺的同时，又在万寿山周围修建了许多殿、堂、廊、轩、亭、桥等建筑。乾隆十六年（1751）七月，乾隆皇帝正式公布修建清漪园。乾隆二十九年（1764），清漪园工程完工。清漪园以昆明湖天然湖泊形成的水面为特色，以楼、阁、塔、台在空间上进行接续、呼应、填充、点缀，使三山五园连为一体，成为中国造园史上最宏伟壮丽的皇家园林。咸丰十年（1860）九月的第二次鸦片战争中，清漪园内的建筑除了铜亭、石砌建筑外，木构建筑全部被毁，成为一片废墟。

　　光绪十二年（1886）八月，慈禧太后以"修治清漪园工备操海军""创办昆明湖水师学堂"为名，修复清漪园。光绪十四年（1888），慈禧太后以光绪皇帝的名义发布一道《造园上谕》，将修园工程公开，并取"颐养冲和"之意将清漪园更名为颐和园。颐和园的修建工程大约进行了九年。光绪二十六年（1900）八国联军入侵颐和园，并大肆破坏颐和园的建筑，盘踞园中达一年之久。光绪二十八年（1902），清廷再次修复颐和园，工程历时一年完工。

　　整体来看，颐和园是一座以水景为主，包括山林和园林建筑的大型皇家行宫，园内景观由宫廷区和园林区两大部分组成。颐和园的宫廷区在万寿山东南麓、昆明湖东北岸一带，又可分为前朝和后寝两个区域。颐和园的园林区，按山水地貌的结构，大致划分为五个景区：前山景区、后山景区、东部景区、西部景区、后湖景区、昆明湖景区。每一个景区都按照山形水貌布局，使这些建筑群体形成与山水合为一体的布局特色，每一个景区均有独具特色的园林景观。从总体来看，园内景观采取了圈形向心式的布局方式，中心景区为万寿山景区，其主体建筑为万寿山山顶上的佛香阁，它也是颐和园的标志建筑和全园的灵魂。

八字蹬道　　　　佛香阁　　　　智慧海　　众香界牌楼　　　　　　　　　　　转轮藏

佛香阁

　　佛香阁是一座八边形三层四重檐攒尖顶的木构佛殿。佛香阁在清漪园时期是
大报恩延寿寺的一处佛殿，坐落在方形花岗石台基上，正面有八字形蹬道，整体建
筑坐北朝南，高41米，与智慧海琉璃坊齐平。修建佛香阁时，乾隆皇帝本来是要
仿杭州开化寺六和塔建九层高的延寿塔，不过在快要建成时却突然倒塌，于是又被
改成一座木构的佛香阁。如今的佛香阁为光绪十七年（1891）在被毁佛香阁旧址上
原样重新建造

◆宫廷区

颐和园的宫廷区按照宫殿建筑"前朝后寝"的建筑形式进行布局，这是颐和园时期修建的。清漪园时期，园内不设供帝王、后妃起居的设施，因为那时帝王、后妃都居住在圆明园。

前朝区是以仁寿殿为中心的建筑群，从东宫门开始至仁寿殿，由两个庭院组成，是帝王驻跸颐和园期间处理政事的地方。建筑按中轴线布局，从东到西依次为涵虚牌楼、影壁、东宫门、仁寿门、西至仁寿殿。东宫门内设院落，院中有御道通往仁寿门，南北两侧设有房屋，是官员值班的地方。

后寝区以供慈禧居住的乐寿堂为中心，包括玉澜堂、宜芸馆等三组大型院落建筑群，此外还包括德和园大戏楼、东八所寿膳房、奏事房、电灯公所等辅助性建筑。全部建筑由游廊连接成整体。

仁寿殿

仁寿殿是一座宫殿式建筑，坐西朝东，建在汉白玉石的高台基上。面阔七间，进深五间，周围有廊。屋顶为卷棚歇山灰瓦顶，檐角设有吻兽。殿内明间正中有地平床，台前和台左、右三面设有木栏台阶，台上设有宝座、屏风、御案、掌扇等。殿堂内设有景泰蓝的凤凰、鹤灯、甪端熏炉等物品

乐寿堂

乐寿堂是慈禧太后驻跸颐和园的寝宫，倚万寿山而建，前临昆明湖。乐寿堂是一组建筑，其正殿为坐南朝北的乐寿堂；东西两侧设有偏殿，四周设有走廊连通周围各座建筑。乐寿堂前台阶两侧摆放有铜鹿、铜鹤、铜瓶。乐寿堂建筑平面呈"十"字形，面阔七间，进深二间，前出抱厦五间，后出抱厦三间，内部隔分成里外套间。堂内陈列着宝座、御案、围屏、铜炉、掌扇等物品

◆后山景区

后山景区是指万寿山的北坡，不包括山脊和万寿山两端的建筑。景区内的主要建筑为仿照中国西藏著名的古庙桑耶寺建造的须弥灵境。寺庙的西面有云会寺，东面设善现寺，善现寺的东侧为多宝琉璃塔，此外还有一些自成一体的小建筑，包括善现寺、寅辉城关、会云寺、清河轩等。这些建筑点缀在茂密的山林中，再加上后山脚下的小溪，使后山景区极富江南特色。

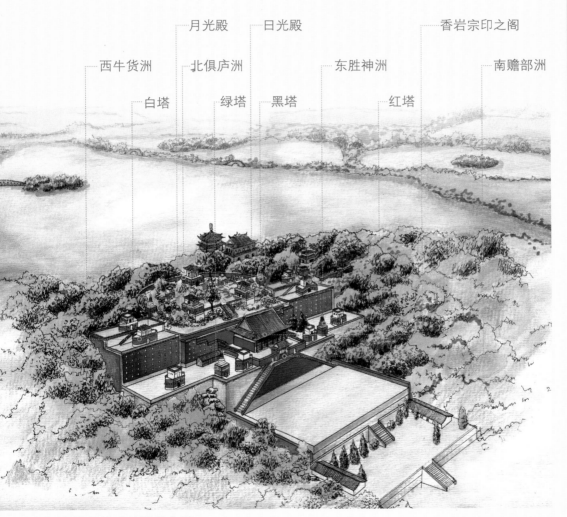

须弥灵境建筑群示意图

须弥灵境是一组西藏风格的喇嘛庙，其中主体建筑须弥灵境是后山景区中的最大的宗教建筑。须弥灵境大殿仿造普宁寺的大雄宝殿建成，面阔九间，重檐歇山黄色琉璃瓦顶。咸丰十年（1860）须弥灵境被英法联军烧毁，现仅存须弥灵境佛殿遗址

◆万寿山后湖景区

万寿山后湖景区是指后溪河沿岸的水景及其临水建筑，景区幽静深邃、富于山林野趣，主要建筑有苏州街、嘉荫轩、绘芳堂、妙觉寺等。在后溪河约千米长的河面上，又利用峡口、石矶、桥，把河道障隔成为六个段落，每段形成各具特色的小湖面。

苏州街

苏州街又称为买卖街，是仿江南市集形式的建筑，分布在万寿山后河南北两岸，不过河两岸的店铺并不是真的店铺，而是供帝后游乐的场所。在苏州街上，分布着比现实中的铺面房要小的建筑，建筑整体为青瓦、灰砖、粉墙，保持江南民间房舍朴素清淡的风貌，不过富丽堂皇的牌楼、牌坊等又体现出皇家园林特色

◆万寿山东部景区

万寿山东部景区指万寿山东部山脚下，从"紫气东来"城关以北到颐和园的东北院墙。景区内的主要建筑包括紫气东来城关、谐趣园、霁清轩。其中谐趣园、霁清轩分别自成一园，又同在一条南北轴线上，谐趣园以水景取胜，霁清轩以山取胜。

谐趣园示意图

谐趣园是一座以小水面为中心的园中园，仿照无锡惠山寄畅园修建。园中央是一座水面宽阔的池塘，池塘周围设有13座楼、堂、亭、轩、榭建筑，园中建筑主要包括入口处的引镜亭和知春亭，南面的洗秋亭和饮绿亭，东面的澹碧堂、知春堂以及小有天圆亭，此外还包括西北方向的瞩新楼和澄爽斋

◆万寿山西部景区

　　万寿山西部景区包括万寿山西侧、长岛小西泠、西宫门等地，景区内的主要建筑包括西所买卖街、半壁桥、荇桥、德兴殿、宿云檐城关等。西所买卖街是一处仿江南集镇市肆修建的买卖街，位于万寿山西麓石舫北侧，西临万字河，建筑布局呈现"前街后河"的形式。街内设集彩斋、鸣佩斋、日升号等小型铺面房，并设有水柱殿。西所买卖街全部建筑于1860年被英法联军焚毁，光绪年间重修颐和园时，只复建西所买卖街的个别建筑。西所买卖街的西侧有延清赏楼、斜门殿、穿堂殿。此景区整体呈现出江南水乡的风貌。

荇桥

　　荇桥是万寿山西部景区的一座重檐方亭三孔石桥，花岗岩石桥基，面阔三间，跨在万字河上。桥上有青石台阶，前后檐，南北两侧设坐凳楣子、倒挂楣子。桥的东西两侧各有一座冲天牌楼。荇桥也被认为是颐和园中形态最美、建筑最精的亭桥

◆昆明湖景区

昆明湖景区是指万寿山南面，包括昆明湖水域以及东堤、西堤和湖边的陆地。昆明湖区对水景的处理堪称绝妙无双，水域占颐和园全园面积的3／4。主要景区为东堤、西堤、耕织图景区。东堤指昆明湖东部的长堤，北面从文昌阁开始，一直到绣漪桥，堤上设有文昌阁、铜牛、十七孔桥、廓如亭、绣漪桥等景点。西堤仿照杭州西湖西堤景观布局，堤上设六桥，水域内种有荷花。耕织图区在玉带区的西北方向，景区内的主要建筑为延赏斋、玉河斋、蚕神庙、织染局、水村居等江南特色的田园村舍。

西堤

颐和园中的西堤是昆明湖中一道人工堆砌成的长堤，堤上建界湖桥、豳风桥、玉带桥、镜桥、练桥、柳桥六座桥，堤边建有景明楼。西堤水边放置不规则的石块设为岸，沿岸边种植桃树、柳树。如此规模浩大的工程，也只有在皇家园林中才能见到

私家园林

在中国古代园林建筑中，除了皇家园林外，还有私家园林，即王孙贵族以及士大夫、富商等修建的私人园林。在古籍中，这类园林被称为园、园亭、园墅、别业等。

私家园林历史悠久，遍布全国各地。秦汉时期，私家园林的建筑成就比不上皇家园林，但唐宋时期，私家园林的建造水平逐渐提高。明清时期，私家园林得到了很大发展，在城市中出现了依据自然山水修建的富有山林趣味的宅园，作为日常聚会、居住以及游憩的场所。这些私家园林，追求布局的精妙，风格素雅而精巧，以期望达到平中求趣、拙间取华的意象，满足世人观赏的需要。

与皇家园林相比，私家园林规模较小，一般只有几亩至十几亩。地点多集中于城市之中或城市近郊。这些私家园林，造园的构思讲究"小中见大"，在相对较小的空间内，利用各种造园手法，扩大人们对实际空间的感受，造成深邃的意境。大部分的私家园林多以水面为中心，建筑向四面散布，构成景点。同时，私家园林多为人工造景，追求自然，尽量不留下人工雕琢的痕迹，使园林呈现出"虽由人作，宛自天成"的情趣。建造私家园林的主人，通常是文人雅士，多能诗会画，因此园林的风格也多追求清高脱俗。私家园林的主要目的是供人赏玩，在赏玩的同时，达到修身养性、

《曲水流觞图》[局部] 佚名（明）

兰亭位于浙江省绍兴西南，因东晋书法家王羲之在此举行修禊活动，之后写成《兰亭集序》而出名。王羲之聚集了包括谢安在内的东晋名流26人，在兰亭做曲水流觞的修禊活动。兰亭的布局方式，也影响着后世造园的发展

自娱自乐的目的。

借景是中国传统园林造景的手法之一，也是私家园林最常用的成景类型之一。借景是指在造园时将园外风景借入园中，在视觉上扩大园林空间，以增加园景的变化。《园冶》中针对借景曾指出："夫借景，林园之最要者也。如远借、邻借、仰借、俯借、应时而借。……园林

借景

根据计成《园冶》中所说，借景的手法又可以分为远借、邻借、仰借、俯借、应时而借几种手法。远借是指将园林外的景色借入园中，将园外之景与园中之景融为一体，扩大园林的空间感。邻借又称近借，是指将邻近的景物借入园内，一般用漏窗、室廊等借景。仰借是中国园林常用的造景手法，是指将高处的景物借入园中，可以是高楼或大树，甚至包括蓝天白云。俯借是在高处俯视园景。时借指应时而借，即结合时令，将春夏秋冬的景物以及雨雪等借入园中。

邻借湖水之景

借景可以扩大园林的视线空间，其内容可谓丰富多彩，所借景物可以是山、水、动物、植物，如长桥卧波、绿草等；也可以是人，如渔舟唱晚等，还可以是天文气象，如落日、圆月等；此外声音也可以充实借景的内容，如鸣蝉、鸡啼等

江苏省苏州留园

　　留园堪称中国私家园林建筑中的精品，有"吴中第一名园"的美誉。园中的建筑包括可亭、冠云楼、林泉耆硕之馆、揖峰轩、五峰仙馆、濠濮亭、小蓬莱、明瑟楼、涵碧山房、活泼泼地等。留园利用有限的空间，运用高超的造园艺术，将建筑与假山、水池、花木等有机地融合在一起，形成一组组层次丰富、错落有致的建筑。留园建筑布局的精妙、空间处理的巧妙，堪称一绝。无论是从哪个角度欣赏留园，都是一幅优美的风景画

巧于因借，精在体宜。借者园虽别内外，得景则无拘远近，晴峦耸秀，绀宇凌空，极目所至，俗则屏之，嘉则收之。"私家园林一般面积受限制，所以多在借景上下工夫。

　　中国目前现存的私家园林多集中于北京、苏州、扬州、杭州、南京等地。北方私家园林受四合院建筑布局影响较大，较为规整拘谨；南方的私家园林在空间布局上更为丰富。因为气候的不同，北方的私家园林中多种有松树、国槐、核桃、柿子、榆树、海棠等花木，而南方私家园林常种梅花、玉兰、牡丹、竹子、榆树、芭蕉等花木为主。江南园林是中国私家园林最典型的代表，其中又首推苏州的私家园林，苏州自古就有"江南园林甲天下，苏州园林甲江南"的美誉。

苏州园林首推拙政园，它与北京颐和园、承德避暑山庄、苏州留园一起并称中国的"四大名园"。拙政园之所以如此被推崇，一是因为它自身建筑之美，另外一方面也是因为它曾经与不少叱咤风云的历史人物结下不解之缘。最初修建拙政园的是明代的王献臣，他曾出任御史一职。王献臣性格刚正不阿，不畏权贵，因此得罪了不少权臣，数次被贬。他看不惯官场的黑暗，最终毅然辞官归乡。正德四年（1509），他购买了苏州齐、娄门间大弘寺遗址及附近的洼地，开始建造园林。在造园时给他大力支持的是有"吴中大才子"之称的文徵明。二人对这座私家园林进行了很好的规划，因地制宜，在洼地开挖池塘，池塘周围种林木，地方空旷的地方种竹、桃、柳树，并依地势修建厅、堂、轩、楼、亭、榭、斋、馆等，最终建成了以水景为主的私家园林。据地方志记载，园林建成时，"广袤二百余亩，茂树曲池，胜甲吴下"。之后，取晋朝文人潘岳《闲居赋》中的"灌园鬻蔬，以供朝夕之膳，是亦拙之者为政也"之句，取名拙政园。嘉靖十二年（1533），文徵明绘制了31幅《拙政园景图》，并在每幅图上题写诗文，使之成为我国古代集园林、绘画、诗歌等艺术形式于一体的珍贵艺术品。到清代时，画家戴熙又将这31幅图集合成一幅完整的拙政园全景图，成就又一段佳话。

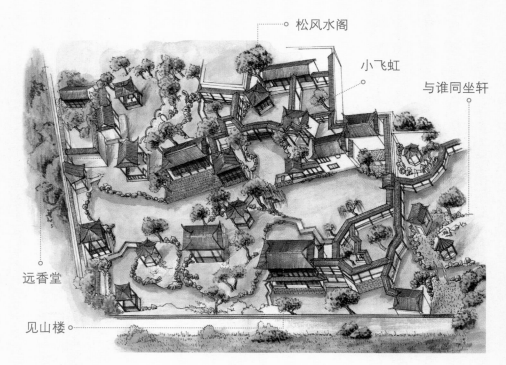

松风水阁

小飞虹

与谁同坐轩

远香堂

见山楼

拙政园示意图

王献臣去世后，拙政园又几经转手，先是王献臣之子输掉拙政园，得到此园的徐家并没有打理此园。崇祯四年（1631），曾官至刑部侍郎的王心一购下拙政园东部的十余亩荒地，并悉心经营成独立的"归园田居"，此园一直保留至道光年间，只是那时景色大部分已经荒芜。

变化最大的是原先拙政园的中部和西部。曾累官至礼部尚书的浙江海宁人陈之遴修复了园林，康熙年间陈之遴的儿子迫于生计，将园林卖给了吴三桂的女婿王永宁。王永宁得到此园后，在园内大兴土木，并改变了王献臣初建时的布局，在园内修建了楠木厅。吴三桂反清后，王永宁家产被抄没。康熙十八年（1679），拙政园被改为苏淞常道署。乾隆初年，太守蒋棨在中部修复了部分花园，取名"复园"。

拙政园的西部被曾任宁绍道台的康熙年间举人叶士宽购得，并在原址的基础上营建书园。至此，拙政园已经被分成自成一格的东、中、西三所园林，其中景色最美的当数中部的复园。

咸丰十年（1860），太平军进驻苏州后，忠王李秀成以复园为主体，将东西两面的民宅合二为一，开始大规模修建忠王府。但花园尚未完工，李鸿章就已经攻占了苏州，之后将忠王府改成江苏巡抚行辕。同治十年（1871），江苏巡抚张子万开始重修拙政园，园林又渐渐恢复了其自然雅朴的面貌。其中远香堂、玉兰院、枇杷坞等景点保留至今。不久之后，拙政园又被改为八旗奉直会馆。如今被维修过的拙政园，占地60余亩。

远香堂

远香堂是清乾隆时期所建的四面厅式建筑，面阔三间，因堂前的荷塘荷花香而得名。远香堂南北设有门，东西是窗，立于堂内，四面都可以观赏风景

香洲

香洲是拙政园中的标志性景观之一，为一座舫式建筑，设计独特大方。"香洲"集中了亭、台、楼、阁、榭五种建筑种类：船头为荷花台，茶室为四方亭，船舱为面水榭，船楼为澄观楼，船尾为野航阁。香洲三面环水、一面靠岸

拙政园的东部是王心一的归园田居旧址，面积约为 31 亩，占了全园面积的一半。芙蓉榭、天泉阁、秫香馆等是园内的主要建筑。芙蓉榭在荷花池边，背后为一堵高墙。天泉阁周围有草坪环绕，为一座攒尖戗角、重檐八面的阁式建筑，外面看起来像是两层，里面实为一层。如今的秫香馆为 20 世纪 60 年代修拙政园时从东山迁移而来，与原先建筑不同。据说当年修成的秫香馆"楼可四望，每当夏秋之交，家田种秋，皆在望中"。

拙政园中园面积约为 18 亩，以水景为主，园林内的主要建筑有远香堂、绣绮亭、倚玉轩、梧竹幽居亭，以及曲廊、小桥等。其中梧竹幽居亭是拙政园中部的观赏主景，亭倚靠长廊，亭前为池塘，亭四周种有树木。此外中园内的亭子还有荷风四面亭、雪香云蔚亭、小沧浪亭等。

拙政园中部与西部之间，设有一座半亭，即"别有洞天"。过了此亭，就能到达拙政园的西部。西部园区因为面积受限，所以在墙上设有花窗、洞门等，便于借景，西部的景观也由此得到了极大丰富。在"别有洞天"的左面还设有一座六角形的小亭，亭子立于假山之上，亭子自成一景，同时登亭又能将园内的景色尽收眼底，还能饱览中部的景色，所以此亭被称为"宜两亭"。

芙蓉榭

芙蓉榭有一半凌空建于水面上，正面对着一池荷花，是赏荷的最佳地点，后面是一堵高墙。榭临水的西面装有木雕圆光罩，东面设有落地罩门，南北两面为古朴的窗格，体现出浓厚的文人造园思想

拙政园西部的主体建筑为鸳鸯厅，鸳鸯厅造型独特，一个屋顶下分南北两部分，中间用隔扇和挂落分隔开来，南部被称为"十八曼陀罗花馆"，北为"卅六鸳鸯馆"。此外西部的建筑还有留听阁，留听阁东南有直通鸳鸯厅的曲桥。阁单层式结构，四周开阔并设窗，阁前的平台是赏荷的佳处。

梧竹幽居亭

梧竹幽居亭造型独特，亭墙上有四个圆形的洞门，每个洞中都可以框景、借景园内远处、近处的景物，洞门的相互交叠又能产生出套圈、轮圈、分圈等形状。亭上悬挂的"梧竹幽居"匾额是文徵明所题

卅六鸳鸯馆

卅六鸳鸯馆曾是园主人会客、休憩、宴请之所。馆的顶部为拱式，这种弧形的屋顶便于反射声音，使馆内的声响效果奇好。南为"十八曼陀罗花馆"，北为"卅六鸳鸯馆"，叫做"鸳鸯厅"。北厅的名称来源于馆里曾养的三十六对鸳鸯

园林中的主要建筑类型

园林中的主要建筑类型包括殿、堂、亭、楼、阁、廊、厅、轩、馆、榭、舫等。与其他建筑相比，园林建筑更加注重观赏性及与园林景观的和谐。园林建筑的另外一个特点是注重装饰色彩的细腻、雅致。

殿

殿是皇家园林中独有的建筑形式，供皇帝游园时居住或处理政事使用，与皇宫中的殿有所不同。设在园林中的殿多与地形、山石及自然环境相结合，并不强调一定要坐南朝北，以体现皇帝的尊贵地位，而是根据地形灵活布局，整体呈现出庄重而富有变化的园林气氛。

北京颐和园排云殿

皇家园林中的殿一般是一组宫殿建筑中最高等级的建筑，形制高大，布局以主殿为主，配殿对称地分列两旁，殿前的庭园较广，或直接设有大型的广场，显示皇家威严。排云殿位于佛香阁的下面，由排云门、玉华殿、云锦殿、二宫门、芳晖殿、紫霄殿、排云正殿、德辉殿等一组建筑构成，气势雄伟

堂

堂是皇家园林和私家园林中较为常见的建筑形制。皇家园林中的堂，多是供帝王后妃生活起居或游玩时休息的地方，形式上比殿要灵活，布局形式分厅堂居中式和开敞式两种。厅堂居中式多在两旁配有厢房，组成封闭的院落，供帝王、后妃生活起居。开敞方式的布局也是使堂居于中心地位，周围配有亭廊、山石、花木等，布局并不对称，一般供帝王后妃在游园时休息观赏之用。

私家园林中的堂在园林中多占主体地位，堂与厅的形制大致相同。《园冶》中说："凡园圃立基，定厅堂为主，光乎取景，妙在朝南。"堂和厅主要是用来观赏园林中的景色、招待客人等，二者功能相同，结构类似，二者之间的区别在于梁架使用长方形木料的称为厅，梁架使用圆形木料的为堂。一般堂装修较为华丽，面阔三间至五间不等。厅的形式多样，常见的有四面厅、鸳鸯厅、花厅、荷花厅等。

江苏省苏州狮子林立雪堂

立雪堂是狮子林中一座面阔三间的重要厅堂，建筑为单檐歇山卷棚顶，四面有隔扇门窗。立雪堂外观庄重大方，又不失轻巧。立雪堂前点缀有石峰，可立于堂内观赏

北京颐和园玉澜堂

玉澜堂是一座厅堂居中式单进院落，曾是乾隆皇帝的书斋，光绪年间重修时改为光绪皇帝的寝宫。玉澜堂坐北朝南，正门为玉澜门，有东西配殿，四角转弯处有六间抄手廊

四面厅

　　四面厅是江南园林中最为讲究也是最高级的建筑形式。四面厅不设墙，柱间安装有连续的长窗，四面开敞，檐下设有回廊，廊柱间檐枋下有挂落，下设栏杆坐凳。坐在厅内可观赏外面的景色

花厅

　　花厅原是住宅厅堂中的一种建筑类型，园林中的花厅，主要是用来接待客人、欣赏歌舞等，多靠近住宅，与园林中的景区隔离，装修多十分精美。花厅前一般设有庭院，园中种有花草或点缀有石峰

荷花厅

荷花厅也是江南私家园林常见的建筑形式之一，造型相对简单，一般多为三开间，内部多呈单一空间状态，南北两面开敞，东西两面有墙壁，或是在墙上开有窗。荷花厅多临池而建，池中一般都种有荷花。厅前设有平台，可以接近水面

亭

亭子是园林中使用最多的建筑，是皇家园林还是私家园林中都会使用到，是园林中重要的点景建筑。亭子设计巧妙，造型小巧秀丽，变化多样，选材不限，多设在山上、树林中或路旁、水旁等。亭子的形状也多种多样，有正方形、长方形、三角形、六角形、八角形、圆形、梅花形、扇面形等，除了这些基本形状外，还有组合亭，如两个单圆亭组合成的双环亭，平面和方胜形亭组成的套方亭等。亭子的立面有单檐、重檐，多为攒尖顶，也有的为歇山顶、硬山顶、卷棚顶、平顶、单坡等。根据亭子所处的位置不同，又可分为山亭、路亭、桥亭、水亭等。

三角攒尖亭

三角攒尖亭是用三根支柱撑起的亭，三面坡在顶部交汇成一点，结构上最为轻巧，不过这样的亭子很少见

六角重檐亭

　　这座六角重檐亭是北京颐和园乐寿堂北面半山腰处的含新亭。重檐亭轮廓优美，体态丰富稳重，结构较为复杂，多用在亭与廊的结合处。清代皇家园林中的亭子多为重檐亭，如颐和园中不少亭子都是重檐亭

方亭

　　方亭是指建筑平面呈方形的亭，常见的有正方形和长方形两大类，较为常见的是正方形亭。方亭的顶部一般为方形攒尖顶（即平面为正方形，屋面为攒尖的亭），底部有四根柱子支持，屋面四坡相交形成四条屋脊，并在顶部交汇成一点。攒尖处多安置有宝顶

扇面亭

　　扇面亭是指平面呈扇面形的亭子，看起来就像展开的折扇。这种亭子造型独特，是园林中较为常见的类型。扇面亭外形一般采用平台式（即屋面为平台，周围出沿，有檐板、压冰盘）、庑殿式、歇山式等几种类型。扇面亭一般弧度较大的朝外，弧度较小的在内

桥亭

桥亭是在桥上修建亭子，是中国古典园林常用的手法之一，与桥身和谐共处，如北京颐和园西堤六座桥上都修建有桥亭。桥亭形式多样，有方亭、圆亭、单檐亭、重檐亭等

廊

廊本是住宅中的附属建筑，后来成为园林中常见的建筑形式之一，可以供人歇息，又有划分空间，增加园林风景的作用。廊形式多样，常见的有直廊、曲廊、波形廊、复廊等，根据廊所处的位置，又可分为空廊、回廊、楼廊、爬山廊等。廊的布置并不是单一的，它可以随建筑、布局的需要而随意变化。

直廊

直廊并不是单一的笔直的廊，有的直中有折，这样可以使廊道富于变化。较长的直廊又被称"修廊"或"长廊"，一般多见于规模较大的园林

117

曲廊

　　曲廊是园林中较为常见的廊的形式，可分为两种，一种是院落之内的曲廊，多绕建筑物四周而建，转折处多为直角，在转角处廊墙之间能形成不同的小院落，小院落可根据需要布景；另一种是以短直廊为单位，在改变方向时以一定的角度曲折，通向院内不同的建筑物或景点

复廊

　　复廊又称"里外廊"，即双面空廊中隔着一道墙，形成两侧单面廊的形式，其作用是分隔景区和遮挡视线。复廊跨度较大，中间的墙上多开有漏窗，这样可以看到廊两侧的景观

单面廊

　　单面廊又称半廊，是指一侧通透，另外一侧为墙或建筑，通透的一面多面向园林内部，另外一面可完全封闭，也有的在墙上开有漏窗或花格

楼廊

　　楼廊又称"双层廊""阁道"，是江南私家园林常见的建筑形式，皇家园林中也经常使用。楼廊一般体量较大，且多与楼阁相连，或与假山相连，组成园林中的一景。楼廊体积更大、视野也更加开阔

回廊

　　回廊也是园林中常见的建筑形态，指围绕园林内建筑修建的廊道，回廊多将园林中的建筑连接起来，沿着回廊可以到达园中的各个地方，便于人们观赏园林中的景色

榭

榭原指建在高台上用来观览、娱乐用的敞屋，或在建筑物四面立落地门窗。榭平面多为长方形，形式较为自由，多与廊、亭等组合。明清时期将园林中建在水边的敞屋称为水榭，所以明清时期及以后，榭一般指水榭。《园冶》中说："榭者，借也。借景而成者也，或水边、或花畔，制亦随态。"水榭是用来观赏水景用的，一般接近水面，榭前有平台伸入水面，上层建筑形体低矮扁平，看起来就像凌空架在水上。临水一面宽敞，并设有坐槛或美人靠，供人休憩。

舫

是园林的水池畔修建的船形建筑，舫的前半部多伸入水中，给人以置身舟中的感觉，舫首一般设有桥供人进入舫中。舫多由前舫、中舫、尾舫三部分组成，前舫较高，舫首开放，可供人赏景；中舫较低，多设有矮墙或窗，是供人休息或设宴的地方；尾舫最高，多为两层且四面开窗以供人远眺。江南私家园林中的舫，多仿湖中画舫修建，造型灵活多变。

水榭

南方私家园林中的水榭一般体量不大，多一半或全部跨入水中，下面有石结构支撑，临水的一面设有栏杆或完全开放，建筑装饰讲究

石舫

　　江苏省南京煦园中的石舫是青石仿木结构建筑，长约14.5米。石舫为卷棚屋顶，顶上覆有黄色琉璃瓦，舫身两侧镶嵌有雕花栏板。清乾隆皇帝曾题此舫"不系舟"

北京颐和园清晏舫

　　清晏舫又称石舫，是一座亦中亦西的建筑，底部由一块巨石雕成，船舱为两层西洋式舱楼，船体两侧有机轮，窗上装五彩玻璃，顶部饰砖雕。

船体为两侧白色木结构楼房，并被漆成大理石纹样，顶部还饰有砖雕

船体有四个突出的水龙头，可以排水

船体用巨石雕成，据测量，船体全长 36 米

船下两侧各装有一只机轮

楼

楼是园林中常用的建筑形式，指两层以上的建筑，由"台"发展而来。《说文》中说："楼，重屋也。"楼可用来登高观赏园林及园外的景色，又可以休息。在园林布局中，楼可分为主景和配景两种形式出现，作为主景的楼多造型突出而鲜明，作为配景时多被掩映在林木之中。

阁

阁在皇家园林中较为常见，是一种类似楼房的建筑物，一般供远眺、游憩、藏书或供佛。阁通常底部架空、底层高悬，上下层之间除了腰檐外还设有平座，并在四周开窗。《园冶》中说："阁者，四阿开四牖。汉有麒麟阁、唐有凌烟阁等，皆是式。"因为阁与楼的建筑形制相似，不容易被区分开，所以人们常将楼阁并称，同一种建筑形制，有时称楼，有时又称为阁。不过阁与楼又有所不同，比如有些临水而建的一层建筑，也称为阁。

江苏省苏州拙政园浮翠阁

浮翠阁是一座八角形双层建筑，周围开窗，掩映在绿树之中，看起来像是浮动在绿荫之中，因此被称为浮翠阁

临水修建的阁称水阁。相比而言，阁的造型比楼轻盈，平面常为四方形或对称多边形。

轩

轩是指四面通透的建筑，其形式多样，一般作为观赏性的建筑。其类型常见的有茶壶档轩、弓形轩、一枝春轩、船篷轩等，《园冶》中说："轩式类车，

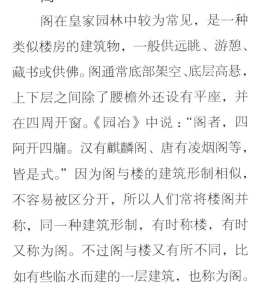

北京颐和园延清赏楼

延清赏楼位于颐和园万寿山西侧山脚下，是一座坐东朝西的两层建筑，前后出廊，上下各三间，二层悬挂有"延清赏楼"匾。站在楼上可以观赏周围的景色。此楼原名延清楼，嘉庆帝时改楼名为"延清赏"，是为流连赏玩、长久观赏之意

江苏省苏州拙政园与谁同坐轩

与谁同坐轩位于拙政园西部景区的中心，是一坐临池而建的扇形建筑，也是赏荷的最佳处。轩内的窗洞、桌、椅、匾额等都被做成了扇面形

其轩轩欲举之意，宜置高敞以助胜则称。"在江南园林中有不少临水而建的敞轩，建筑形制与榭相似，但不伸入水中，临水的一面开放，柱间设有美人靠。皇家园林中的轩一般设在高旷、幽静的地方，又多与亭、廊结合，组成错落变化的空间。

馆

馆的建筑形制与厅、堂相仿，一般用来招待宾客或供人起居。《说文》中说："馆，客舍也。"私家园林建筑中的馆，多供会客或休息，在园林中的布局较为灵活，规模有大有小，有的面向庭院，可观赏山石花木，有的临水倚楼，但多与居住性建筑以及主要厅堂建筑组合。在清代皇家园林建筑中，馆通常是指一组建筑群，如宜园馆是供光绪皇后居住的地方，听鹂馆是供帝后欣赏戏曲表演的地方。

北京颐和园听鹂馆

听鹂馆是一处以戏楼为中心的建筑群。听鹂馆为这一组建筑中的正殿，面阔五间，下设汉白玉台基，垂带式六步台阶，周围出廊，歇山式顶

江苏省苏州留园林泉耆硕之馆

林泉耆硕之馆是一座鸳鸯厅式建筑，馆名的意思是这里是老人和名流游玩的地方。馆内以木屏隔成南北两部分，南面建筑为圆梁，没有雕花装饰，北面为方梁，有木雕装饰。此外，南北两部分的窗和铺地也不同

斋

斋是指园林中位于幽静之处的书房或小居室，空间一般较封闭，形式不拘一格，《园冶》中说："斋较堂，唯气藏而致敛，有使人肃然斋敬之义。盖藏修密处之地，故式不宜敞显。"斋一般被修建在园林封闭式的院落中，相对独立，与外界隔离。

江苏省无锡寄畅园含贞斋

含贞斋曾被当作无锡寄畅园园主书斋，这里环境幽静，位置相对较偏僻，可避免外界的打扰，正符合《园冶》中所说的"书屋之基，立于园林者，无拘内外，择偏僻处，随便通园，令游人莫知有此"

民居建筑

民居是指百姓的居住之所。《礼记·王制》中说："凡居民，量地以制邑，度地以居民。地邑民居，必参相得也。"民居不仅指住宅，还包括住宅延伸的居住环境。中国疆域辽阔，又是一个多民族组成的大家庭，不同的地理条件、气候条件以及不同的生活方式，再加上经济、文化等各个方面的影响，就造成了各地居住房屋样式以及风格的不同。按区域分，中国有特色的传统民居建筑又包括江南民居、西北民居、北京民居、华南民居以及少数民族民居等。

江南民居

江南民居建筑的历史，可以追溯到约7000年前的河姆渡文化时期，那时就已经有人类在这块土地上繁衍生息。殷商时期，这里形成了初具规模的民居部落，魏晋南北朝时期的大动乱，使不少中原士族迁到这里，他们带来的先进建筑技术，推动了这里建筑业的发展。明清两朝，这里已经成为全国经济、文化最发达的地区之一，也形成中国最具特色的民居建筑之一。

江南村镇选址，多临水而建，古代江南水运相当发达，南北货运主要依靠水运。从某种程度上说，水运是江南发展的动力，所以江南民居大都临水而建。

南方炎热潮湿、多雨的气候特点，对江南的建筑产生了极大影响，为了防潮避湿气，江南民居的墙一般较高大，开间也大，设前后门，便于通风。同时，为了隔绝地上的湿气，一般为两层建筑，二层做卧室。底层多为砖墙，上层为木

江苏省周庄古镇的建筑

江南因为地理原因，水资源丰富，所以大部分的村镇、城市的建筑基本上立于河流两岸，两岸的建筑将河流围成一条水街。周庄古镇就是江南水乡的典型代表，这里建筑多临河而建，为了防水防潮，墙壁下部分一般使用大块条石或用石料贴面

古镇内的建筑

　　江南民居的平面布局方式，与北方的四合院大致相同，都是封闭式的院落，但相对要紧凑一些，院落占地面积也没有北方四合院那么大。住宅的大门一般开在中轴线上，中轴线上的第一座房子是用来接待客人和举行典礼的大厅，后面院内多有二层小楼。为了通风采光，院墙上都开有漏窗，房屋也前后开窗

结构。南方地形较复杂，多有山有水，平坦的地面较少，所以江南民居的住宅院落一般都很小，其建筑体现出精巧有余、气派不足的缺点。江南民居的内部结构多为穿斗式木构架，屋顶结构比北方住宅略薄，墙底部多有片石，为了防潮，室内多铺有石板。厅堂内部，多用传统的罩、屏门等分隔。

◆ 徽州民居

　　古徽州指历史上的徽州府、歙县、休宁、婺源、祁门、黟县、绩溪县共一府六县，即如今的安徽省黄山市（辖屯溪区、徽州区、黄山区）、歙县、休宁、黟县、祁门县四县及宣城市绩溪县、江西省婺源县。独具特色的徽州民居，也是中国传统民居中的重要组成部分。徽州民居最突出的特点是马头墙和青瓦。马头墙高大，能把屋顶都遮挡起来，起到防火的作用。门楼用石雕和砖雕进行装饰，装饰纹样富有生活气息。宅院大多依地势而建，分三合院、四合院，合院又有二进、三进之分。徽州民居屋顶的处理以"四水归堂"的天井为特点。四水归堂是指大门在中轴线上，

江西省婺源民居

　　婺源是徽州民居集中的地区之一，高出屋顶的马头墙和小青瓦、砖雕门楼使徽州民居独树一帜。此外用精美的石雕、砖雕、木雕进行装饰，也是徽州民居的一大特色

正中为大厅，后面院内有二层楼房，四合房围成的小院称天井，是为了采光和排水。四面屋顶的水流入天井，俗称"四水归堂"。

西北民居

　　西北民居是指中国黄河中上游一代的甘肃、陕西、山西等黄土高原上的建筑。最具特色的西北民居为因地制宜、利用黄土层建造的独特住宅——窑洞。黄土高原的黄土层深达一二百米，渗水性差，直立性强，是窑洞存在和发展的前提，黄土高原上雨量稀少也是窑洞存

在的客观条件。

　　窑洞的历史可以追溯到原始社会的穴居时代，原始人类生产水平低下，天然洞穴就是人类最早居住的地方。早期人类穴居分布范围较广，包括辽宁、北京、贵州、湖北等地。随着生产力的不断提高，穴居的形式慢慢被大部分的人们所抛弃，在我国的西北地区，当地人因地制宜，在穴居的基础上发展成窑洞。窑洞依其外形可分为靠崖式窑洞、独立式窑洞和下沉式窑洞。

　　窑洞较为常见的是单孔窑，不过也有三孔窑中横向挖两孔通道窑，看起来就像是三开间，这种窑洞在独立式窑洞

靠崖式窑洞示意图

　　靠崖式窑洞又分为靠山式和沿沟式两种，窑洞一般在黄土山坡的边缘，朝着山沿或沟挖窑洞，窑洞内部为拱形，底部多为长方形。这样的窑洞前面有较为开阔的空间，便于通风采光。靠崖式窑洞也是窑洞中较为理想的地势，所以往往会多口窑洞排列在一起，如果高度足够的话，还会建成几层台梯式窑洞

独立式窑洞示意图

　　独立式窑洞又被称为箍窑，是指利用地面的空间，用土坯和草泥或砖、石等垒成拱形的房屋。顶部呈拱券形，窑洞的前方设有门和窗。独立式窑洞保留了窑洞冬暖夏凉的优点，又不受地形的限制，还可以灵活地组合到一起。多见于山西省平遥民居建筑。独立式窑洞院落中，一般只有主房是窑洞，窑洞顶上有小影壁墙，两侧设有台阶可直达屋顶。厢房及倒座一般是单坡屋顶

下沉式窑洞示意图

　　下沉式窑洞又被称为地窑，是没有山坡、沟壑可以利用的地区较为常见的窑洞形式。做法是在平地上向下挖，先挖出一个地坑，形成一个向下沉的院落，然后利用壁的高度挖窑洞，四面都可以开凿窑洞。与平原上的民居一样，下沉式窑洞有正房和偏房之分。窑洞内设有入口通向地面，供人进出窑洞

中较为常见。除供人居住的窑洞外，一般在前面还有生活的辅助设施，包括厨房、专门的储藏窑等。

窑洞重视对门窗的装饰，陕西省的安塞、米脂、绥德，以及山西省的平遥一带的门窗装饰极具代表性：窑洞的门窗与洞孔一样大小，门窗上装饰有棂格图案，逢年过节时，多在窗上贴各式剪纸。

晋中民居

晋中一带有许多北方传统民居合院形制的典型代表，最出名的是晋商们修建的豪宅大院。这些民居大多修建于清代，建筑规模较大，设计精巧，具有独特的建筑造型和空间布局。

晋中的民居建筑，以四合院居多，一般为砖木结构，砖墙且多为清一色的青砖（过去为砖夹土坯形式），墙体厚实，院落中也多用青砖铺地。晋中民居的一大特点是单坡屋顶，不是人字形坡顶，墙体就是屋脊的高度。其次是院落纵深，即南北长，东西窄，与一般院落呈方形不同。

晋中一些大规模的民居建筑，如著名的乔家大院、王家大院等，院中有院，明楼院、统楼院、栏杆院、戏台院层次分明。悬山顶、歇山顶、卷棚顶、硬山顶形式各异，可谓晋中民居中的精华所在。

山西省灵石王家大院

王家大院坐落在山西省灵石县城东 12 公里外的静升镇，是王氏家族从清康熙年间开始修建，经雍正、乾隆、嘉庆年间陆续修成的，规模宏大。其建筑分"五巷""五堡""五祠堂"，总建筑面积达 20 万平方米以上。其中高家崖建筑群有两座三进式四合院，每院都设有祖堂，两厢房内设有绣楼，并设有厨房、塾院等附属设施。院外由院墙环绕，各院落既相对独立，又被统一在全院之中。红门堡的建筑总体布局隐"王"字在内，整体呈前堂后寝式布局，部分为前园后院式布局。院内采用大量砖雕、木雕进行装饰，是清代雕刻艺术的精华。崇宁堡的整体建筑布局与红门堡相似，整体建筑斜倚高坡建成。王氏宗祠分上下两院，设计考究。在祠堂前立有"孝义坊"

山西省祁县乔家大院

　　乔家大院位于山西省祁县乔家堡村正中，始建于清乾隆、嘉庆年间，又被称为中堂，是清代著名晋商乔致庸的宅第，后增修和扩建。乔家大院被认为是中国清代北方民居风格的体现，又被现代建筑学家赞叹为"北方民居建筑的一颗明珠"。乔家大院的平面布局如同一个"囍"字，大院周围是封闭的墙，上边有女儿墙和瞭望探口，三面临街。乔家大院内部有6个大院，20个小院，占地近16亩。建筑布局规整，建筑富丽堂皇，全院的亭台楼阁都有精美的木雕装饰，是中国古代民居建筑中不可多得的精品

◆ 北京民居

　　北方民居以北京民居为代表，其中最具特色的建筑就是北京四合院。四合院是中国历史上最悠久、应用范围最广的民居形式，而北京四合院则堪称中国四合院的代表作品。四合院严格按照中轴线布局，主要建筑都分布在中轴线上，左右对称布局。这一布局方式，严格遵循了封建社会的宗法和礼教制度。在房间的使用上，家庭成员按尊卑、长幼等进行分配。

　　四合院多坐北朝南，最为常见的四合院为二进四合院，由内外两进院落组成。大门一般有门楼，通常开在院墙的东南，入大门迎面有影壁，有的影壁上会写有"福""禄""寿"等寓意吉祥的文字，也有的是绘吉祥图案。影壁设在

东厢房的山墙上，也有的是独立的影壁。大门西边的房称倒座，一般不开窗，也有的开高窗。正对着垂花门的几间"倒座"为客房，靠大门的一间多用作门房或供男仆居住。经过垂花门进入内院，内院的建筑布局沿中轴线对称分布，北面有正房，三开间或五开间。南房与北房一样，属倒坐的正房。正房两侧一般有比正房略矮、进深浅的耳房，耳房前有小院落。正房前东西两侧是厢房。内院四周有抄手廊。有的四合院的正房后面还有一排后房，当居室或用来储物。有的四合院中设有专门供内眷居住的后院。

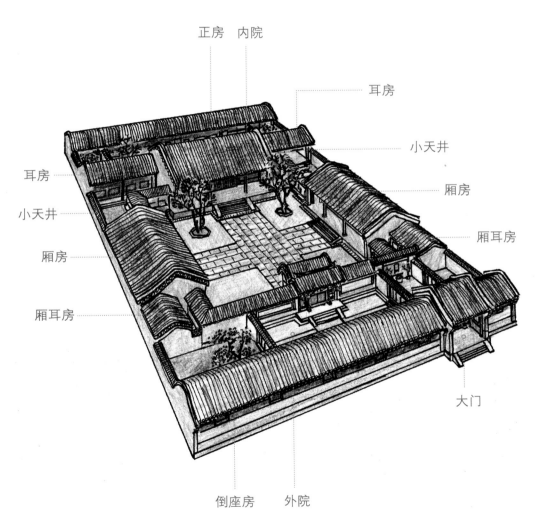

正房　内院
耳房
小天井
厢房
厢耳房
大门
耳房
小天井
厢房
厢耳房
倒座房　外院

北京四合院示意图

北京四合院一般坐北朝南，多为抬梁式木结构，房屋为硬山式。建筑严格按照中轴对称布局，按东、西、南、北四面围合成一个院落，平面看起来似一个口字。住房的分配也严格按照尊卑思想来划分，正北的正房，往往供长辈或家长居住，正房两侧的耳房，供晚辈居住。

客家民居

客家人是汉族的一支，1980 年出版的《辞海》解释客家道："相传西晋末永嘉年间（4 世纪初），黄河流域的一部分汉人因战乱南徙渡江，至唐末（9 世纪末）以及南宋末年（13 世纪末）又大批过江南下至赣、闽以及粤东、粤北等地，被称为'客家'以别于当地原来的居民，后遂相沿而成为这一部分汉人的自称。"

客家最具代表性的民居建筑为土楼。客家人修建的土楼，数量最多的是方形土楼，方形土楼规模庞大，土墙单面墙的长度一般在 20~50 米之间，楼层一般为三到四层，最高可达五层半。在客家人聚居区最为常见的复杂方形土楼，是组合型的土楼，在方楼的门口，一般有一组夯土房或矮墙，将入口处围成前院，也有的在方楼内再建一组合围院。方形土楼的瓦顶屋檐通常一样高，屋顶为悬

福建省永定客家土楼群

土楼的定义是以生土版筑墙为承重系统，高度在两层以上的建筑。土楼形制多种多样，较为常见的是圆形土楼和方、椭圆形、八卦形等各种形状。土楼的发展从明代中期开始，最早出现在福建，客家人居住的地方经常发生盗匪抢劫财物等事件，出于安全考虑，客家人开始修建这种形如堡垒的房子。这一时期的土楼，墙基用土砌成，构造相对简单。明代中期至清代，土楼得到了很大发展，墙基出现了石砌墙基，并开始在土楼中使用青砖。在客家人聚居区，至今仍保留着不少土楼

集庆楼高大的墙面上，设立瞭望台，可立于其上观望村口的动向。瞭望台设立的目的，是出于安全防卫的目的

高大结实的土墙，增强了土楼的防卫功能，圆形土楼一二层对外不开窗，其安全性就大大提高了

在最外圈的环形建筑中，是徐氏家族日常起居的地方

福建省永定客家土楼集庆楼手绘示意图

集庆楼建于明永乐年间，坐南朝北，占地面积达 2826 多平方米，楼为悬山顶式，抬梁穿斗混合式构架。集庆楼外环为四层，每层有 56 个开间。最初集庆楼为内通廊式，后来两层以上改为单元式，每个单元各有一道楼梯，单元之间的廊道有木板相隔

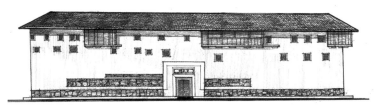

集庆楼正面平面示意图

集庆楼剖面示意图

山顶式，木穿斗结构，也有的屋顶用九脊歇山顶。方形土楼一般底层作厨房，二层作谷仓，一二层均不开窗，三层以上是卧室，对外开小窗。祖堂一般设在院内的底层，正对着大门，位于中轴线的尽头。整座方楼的采光通风，都是依靠内院的天井。

圆形土楼是在方形土楼的基础上发展起来的，也是土楼建筑体系中出现最晚的一种形式，但却是客家民居的经典代表作品。圆形土楼以一个圆心为中心，环环相套，组成一个建筑群。

福建省永定客家土楼承启楼剖视模型

福建省永定县高头乡高北村的承启楼，又被称为天助楼，始建于明崇祯年间，清康熙四十八年（1709）才建成，历时近半个世纪。承启楼坐北朝南，总占地面积5376.17平方米，由四个同心圆环建筑组成。第一环分四层，每层又分72个开间，承重土墙底层厚1.5米，到第四层土墙厚0.9米，楼高12.4米。第二环高两层，每层40个房间。第三环为一层平房，共32个房间。第四环为祖堂，是单层，共两间，比第三环略低。全楼呈现外高内低、逐环递减的样貌，形成错落有致的建筑层次

圆形土楼按楼层高低和环数多少，大致可分为三个级别：大型圆楼是四层到六层的高度，大直径或三环、四环式结构；中型圆楼是三层或四层高度，大直径或双环式结构；小型圆楼一般是单体三层，只有一个环形结构。也有的按土楼开间的大小进行划分。圆形土楼是一个封闭的空间。外环部分一般是一层为厨房或客厅，二层用来存储粮食和物品，三四层用来居住。内环有的修建有一圈围房，正中间的位置为主体，突出祖堂的核心地位。

客家人另一种独具特色的民居为围拢屋，也是我国民居中的一大代表作品。围拢屋是在中国古代中原贵族大院的基础上发展起来的。围拢屋多建在缓坡上，属大型的建筑群。

围拢屋的整体造型看起来就像是一个太极图，前方有一个半月形的池塘，后面为呈马蹄型的房舍建筑，二者之间有一个长方形的平坦空地，被称为和坪，供居民活动，收获的季节则用来晒粮食。在和坪和池塘之间，修建有一道或高或矮的墙，称照墙。大门建在围拢屋的中轴线上，建筑由堂屋和横屋组成，多为单层，也有的为两层。从布局平面来看，有单门楼二横式、双堂一横式、双堂二横式、三堂二横式等起，有的四角设有角楼，称四角楼。后部有呈半圆的房屋，当地称之为"围拢"，一般背靠山坡。外墙上一般不开窗。在围拢屋内设有水井等，保证人们的日常生活。

前楼为四层高的建筑，体量小于主楼

高大的主楼，共高五层，这也是永定县境内最高的土楼建筑

如今左侧的学堂已被改建成幼儿园

位于中间的祖堂，体现了祖堂的核心地位。也使遗经楼形成"楼包厝"的结构

遗经楼的大门

与前楼连接的学堂，供楼内居住的孩子们读书

前楼下开有一个门，供人出入

福建省永定客家土楼遗经楼示意图

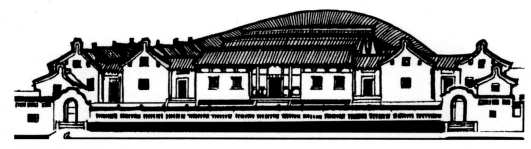

广东省梅县客家围拢屋示意图

　　广东省梅县的客家人生活在地少山多的山区，建筑只能沿山势而建。他们出于安全的考虑，以及维护整个家族的安全，多聚族而居，主要建筑形式为围拢屋。客家围拢屋屋后多种有树和竹林，可以防台风，又可以阻止人进入。此外，围拢屋的外墙上基本上不开窗，以实墙为主，这也是出于安全和防风的考虑

少数民族民居

干栏式住宅

　　在长江中下游一带，还有一种独具特色的民居样式，即干栏式住宅，其历史可以追溯到远古时期的巢居。干栏式民居如今仍大量存在于广西、湖南、湖北、四川、云南等地的山区，虽有汉族人使用干栏式住宅，但大多是少数民族居住在这样的住宅中。

　　《旧唐书·南平僚传》中记载："土气多瘴疠，山有毒草及沙虱蝮蛇，人并楼居，登梯而上，号为'干栏'。"由此可见，干栏式住宅是因地制宜的产物。干栏式住宅底部挑空，上部敞开式的结构，更有利于通风。其次，建筑就地取材，整体结构使用木材，梁柱、地板以及墙面等都使用的是木材，甚至连屋顶也用树皮覆盖。

　　干栏式民居还有另外一个特点，就是占地面积较小，但是使用面积却很大，一般为楼房，底层不住人，楼上各层都可以使用。

吊脚楼

　　吊脚楼属于干栏式建筑，但与干栏式建筑又有所不同。干栏式建筑为全悬空，吊脚楼可以称为半干栏式建筑。吊脚楼在湖南西部、贵州等地常见，也是苗族、壮族、布依族、侗族、土家族等少数民族的传统民居。

　　吊脚楼多依山就势而建，整体风水布局讲究"左青龙，右白虎，前朱雀，

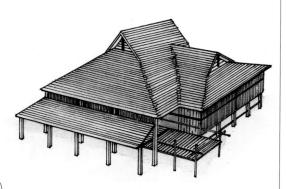

云南省傣族竹楼手绘示意图

湖南省湘西吊脚楼

　　单吊式是最为普遍的吊脚楼，一般是只在正屋一边的厢房伸出悬空，下面有柱支撑。双吊式又被称为"撮箕口"，是指正房的两边都有吊出的厢房。单吊式和双吊式并不是因为地形的变化而不同，主要看建楼人的经济条件和需要而定，单吊式、双吊式常在一处地方出现。四合水式吊脚楼，是将正屋两边的厢房吊脚楼部分的上部连成一体，形成一个四合院，两处厢房的楼下是大门，这样的格局可视为四合院的变体。二屋吊式是指在吊脚楼上再加上一层。平地起吊式是指建筑建在平地上，并不需要吊脚楼，但设计时将厢房下面用木柱支撑，使厢房高于主屋

后玄武"。建筑讲究朝向，一般为东西向。吊脚楼的形式有很多种，其中较为常见的包括单吊式、双吊式、四合水式、二屋吊式、平屋起吊式等。吊脚楼一般底层用来堆放物品，二楼住人。二楼设有厅，用来接待客人，三层的吊脚楼，除在三楼设起居室外，还有隔出来的小间用来储存粮食或物品。

"一颗印"

　　"一颗印"是在云南昆明等地的彝族、汉族中较为常见的民居建筑形式。它为一种三合院结构的宅院，三间正房和左右两间厢房连在一起，左右厢房之间是院墙和宅院门楼。房屋都是两层，并采用两面坡硬山式屋顶，但其朝向院内的一面坡较长，而朝外的一面坡较短。中央是天井，天井也是宅院采光通风的主要通道。房屋的山墙和后檐墙上没有侧门和小窗。"一颗印"住宅多为两层楼房，正房、厢房屋顶高低错落有致，富于变化。

　　"一颗印"正房三间的底层中央一间多作接待客人的地方，左右两边为主

云南省彝族民居"一颗印"示意图

"一颗印"的平面看起来方方正正，形如印章，这也正是它名称的由来。正房多为三开间，两边的耳房，如果左右各有一间，则被称为"三间两耳"，如果耳房各有两间,则被称为"三间四耳"。"一颗印"建筑占地面积较小，适合当地的需要。大门设在正中，一般门内设倒座或门廊。"一颗印"的典型布局为"三间四耳倒八尺"，"倒八尺"是指大门内倒座深八尺。外墙一般是土坯墙或是外包土墙

人的卧室。厢房底层为厨房及牲畜栏圈，楼上正房中间为祖堂或诵经的佛堂，其余房间用作卧室或储存物品。

碉房

碉房是藏族独特风格的民居，主要分布在中国的青藏高原地区。碉房的形式多种多样，防御性强，多为石木结构，墙壁非常坚固。外墙往上逐渐收缩，有的墙上会涂上梯形的黑窗框，并挑出窗檐。内部一般为两层，也有的为三四层。平顶，窗户很小，可以阻止外人从窗户入内。有的碉房平面呈方形，以纵向排列的木柱以及密肋梁构成承重系统。碉

房的居室以柱为单位，一根中心柱为一间，较大居室或客厅等多为四柱八梁。

碉房一般底层用作储藏室或畜圈，二层为起居室，大居用来当作接待客人的地方或卧室等，小间多为储藏室。三层一般当成经堂或晒台。不过，一般的藏民居住的碉房多为二层。藏族贵族居住的碉房，内部装修则十分豪华，在碉房的前方有围墙组成的院子，院子内有房，可用来堆放物品或养家禽等。

藏族碉房示意图

碉房是用砖石砌成的碉堡式的建筑，其历史可以追溯到西汉时期。据《后汉书》中所载，在汉元鼎六年（111）前，碉房就已经存在。碉房名称的由来可以追溯到清乾隆时期。碉房外形看起来稳固而又古朴，平面多为方形或曲尺形

蒙古包

"蒙古包"这一称呼，始于满人对蒙古族住房的称呼，也是蒙古族独具特色的民居，古时又被称为"穹庐""毡包""毡帐"。据南宋人彭大雅撰写、徐

霆作疏《黑鞑事略》中记载："(蒙古族人)穹庐有二样：燕京之制，用柳木为骨，正如南方罘思，可以卷舒，面前开门，上如伞骨，顶开一窍，谓之天窗，皆以毡为衣，马上可载。草地之制，以柳木组定成硬圈，径用毡挞定，不可卷舒，车上载行。"蒙古包从匈奴时期就开始使用，一直持续到现在。

蒙古包的外形为圆形，由架木、苫毡、绳带三部分组成，原料以木和皮毛为主，大小不等，但基本构造相同。蒙古包的主要材料为毛毡。据《周礼·天宫·掌皮》记载，周朝时人们已经掌握了用毛皮制作毛毡的技术。在搭建蒙古包时，先选好地址，铺上地盘，再树起包门，支好网状编壁，系内围带，支撑木圆顶，安插椽子，铺盖内层毡，围编壁毡，包顶衬毡，覆盖包顶套毡，系外围腰带，挂天窗帘，围编壁底部围毡，再用绳子扎紧即可。

蒙古包一般门朝向东南方向，包内中间有供取暖和煮饭用的炉灶，还有通过天窗伸出的烟筒。炉灶的周围多铺有毛毡。内部正面和西侧供长辈起居，东面供晚辈起居。内部摆设有桌椅等家具。

蒙古包

蒙古包是适应牧民长期逐水而居设计出来的一种独特的建筑形式，这一称谓来源于满人的叫法。满人称蒙古牧民的住房为"蒙古搏"，"搏"在满语中指"家"。清代俗称为蒙古包。蒙古包有大小之分，大的蒙古包一般较为奢华。此外，除蒙古族外，哈萨克族、塔吉克族牧民也使用毡房

陵墓

陵墓是埋葬古代帝王后妃遗体和祭奠场所的总称。陵，指地面建筑部分，墓指地下建筑部分，陵墓可分为有陵无墓和有陵有墓两种类型。有陵无墓指的是地上有为祭奠设立的建筑或墓碑，地下却没有墓穴与尸体，如黄帝陵。也有的是陵和墓不在一处。有陵无墓又被称为衣冠冢。有陵有墓是指地上有封土和供祭奠的殿堂，地下有墓穴和遗体。中国古代陵墓建筑历史悠久，陵墓和宫殿建筑一样，是中国古代建筑的重要组成部分，也是政治性极强的大型纪念性建筑。

中国墓葬的历史可以追溯到春秋时代，因为孔子大力提倡孝道，所以厚葬之风开始盛行。从祭祀到墓葬逐渐形成一套隆重复杂的礼仪制度。随着时间的推移，各个时代的墓葬制度又有所变化。

中国历史上的陵墓建筑，有文字资料可以追溯的为秦始皇陵，据《史记》《汉书》等资料中记载，秦始皇大约从即位的第二年就开始修建自己的陵墓，到他死前还没有完工，直到秦二世二年（前208）才算完工，历时约39年。秦始皇建陵时动用的人数，最多时达70余万人，建筑时间之长、动用人数之多，可谓罕见。司马迁的《史记》中载：

秦始皇陵

秦始皇陵位于陕西省临潼附近，南依骊山，北靠渭水，陵园面积达56.25平方公里，陵上封土呈四方锥形，原高约115米，现高76米。陵分内外两重城垣。陵墓的主体部分在南面，设有寝宫和祭祀用的宫殿。秦始皇陵是中国历史上第一个皇帝陵园，陵墓按照当时咸阳城的建筑布局建造。目前已探明的地面建筑包括寝殿、便殿、照顾陵园的吏舍等。

陵墓的主体近似方形，状如覆斗、顶部平坦，腰略呈阶梯形。在内外两重城垣之间，考古人员已发掘了葬马坑、陶俑坑、珍禽异兽坑，以及陵外的殉葬坑、马厩坑、刑徒坑和修建陵墓的人的墓室等。

陵墓地宫中心，是安放秦始皇棺椁的地方，在周围分布着众多的陪葬墓坑，除陪葬的兵马俑、铜车马坑外，近期又发现了军士铠甲坑、百戏俑坑、文官俑坑等。据《史记》中记载："令匠作机弩矢，有所穿近者，辄射之。以水银为百川江河大海，机相灌输，上具天文，下具地理。"这一记载是说陵墓内设有机关防止人进入，下面有水银模拟的江河大海，用机械来模拟江河的流动，顶上装有天文景象，下有地理图形。如今的考古探测证实在秦始皇陵周围汞含量异常，证实了陵墓中含有大量水银的说法。

"始皇初继位，穿治郦山，及并天下，天下徒送诣七十万人，穿三泉，下铜而致椁，宫观百官奇器珍怪徙臧满之。"秦始皇陵的建造，对后世陵寝的建筑影响巨大。

两汉时期，在战国末年开始出现的空心砖开始用于墓葬，砖的表面上多印有各种花纹。东汉时期墓内开始绘制壁画。唐代的陵墓形制与前朝的陵墓制度有所不同，唐帝王陵墓主要是利用地形，因山为坟。端陵地处平原外，其他都是利用山丘建成的陵墓。平面布局是山陵四周有方形的陵墙，四面有门，门外有石狮，四角有角楼，陵前有神道，神道上的门阙和石人、石像比唐之前的陵墓要多。北宋时期诸陵以帝陵为主体，后陵附葬在西北部。陵被称为上宫，其一

侧建有下宫，一般用来供奉帝后的遗容、遗物或守陵祭祀。陵体四周有平面正方形的神墙，各墙正中设有神门，门外设有石狮一对。南神门外设有宫女、文武、外国使臣以及马、甪端或虎等石像，最南端设有望柱，望柱南设乳台，据记载，其上有木构建筑。宋陵墓前设置的石像规模较为整齐，形制也基本一致。此外，与唐陵相比，宋陵规模较小。宋陵的另外一个特点是根据风水观念选择地形。

明代皇帝的陵墓主要分布在北京城北的天寿山麓，陵区的东、北、西三面被山岭环绕，陵墓的主体为明成祖朱棣及其皇后合葬的长陵，其他陵墓依地势分布在周围，山麓南缓坡的两座小山被利用成整个陵区的入口。入口处设有石

秦始皇陵

牌坊，之后设有陵区大门，大红门内设有碑亭和华表，之后是神道，神道两侧排列着十八对用整石雕成的文臣、武将等雕像，神道后为棂星门。墓室用巨石发券构成若干墓室相连的地下宫殿，墓室的平面以主室和两个配室为主，还设有前室。

布局与地面建筑的庭院式布局大约相同。在陵墓前往往还设有一座体积较大的石碑。石碑分碑首、碑身和龟趺座三部分，碑文的内容多用来歌颂已故皇帝的德行以及在位时所建立的功绩。

陵墓前的石碑又有神功圣德碑、述

汉茂陵

汉茂陵是西汉武帝刘彻的陵墓，位于陕西省兴平县南位乡茂陵村，因西汉时茂陵属槐里县茂乡，故称茂陵。茂陵从武帝建元二年（前139）在此兴建寿陵，花费了53年的时间才算完工。茂陵也是西汉规模最大的帝王陵墓。

茂陵为方形，分内外两城，最外围设有围墙，四面的正中有门。陵墓封土呈覆斗形，由夯土层积筑而成。据《关中记》载："汉诸陵皆高十二丈，方一百二十步。惟茂陵高十四丈，方一百四十步……周回三里。"陵墓现存残高46.5米，东西长231米，南北长234米，与《关中记》中所载基本相符。陵周围有护垣。四面设有阙门，四角设有角楼。如今东、西、北三面还残留有土阙。

茂陵也是汉帝王陵墓中陪葬品最多的陵墓，据《全汉文》卷三十四中记载，汉武帝陵墓中"金钱财物，鸟兽鱼鳖，牛马虎豹生禽，凡百九十物，尽瘗臧之"。此外一同被葬入墓中的还包括唐渠国王进献的玉箱、玉杖，以及汉武帝生前曾翻阅过的杂经三十卷都被装入金箱中一同埋入地下。据史料记载，当时因为陪葬物品太多，很多物品都放不进墓内，只能放在园内。汉末战乱时，茂陵园门被打开，民众闯入陵园搬取陪葬物，搬了几十天，园中的物品竟然还剩下大半。

茂陵建筑雄伟，除主体陵墓外，地面建筑还有便殿、寝殿，以及宫女、守墓人居住的房屋，当时陵园内有5000人管理。陵墓周围有嫔妃、功臣、皇族等的陪葬墓。茂陵周边出土的石刻群也具有极高的艺术价值，是难得的西汉石刻珍品。

汉茂陵

圣绩碑、下马碑之别。陵寝后一般设有陵寝大门，中门称神门，仅供棺椁通行，东门为君门，供帝后出入，西门为臣门，供大臣侍卫等出入。陵寝地面上主体建筑为祭殿，又称享殿、献殿或寝殿，明称祾恩殿，清称隆恩殿。其规模大小相当于皇帝办公的宫殿。祭殿内陈列有已故帝王的画像、牌位及一些供摆放祭品的器皿。在帝后同葬的陵墓，祭殿内次间一般供奉皇后的牌位及画像。

清代皇帝的陵墓建筑基本上继承明代皇室的布局形式，但唯一不同的是后妃死后多在帝陵旁再另建陵墓，并不像明代那样帝后合葬。

乾陵

位于陕西省的乾陵是唐高宗和女皇武则天合葬陵墓，依梁山天然的地势而建。神道设有东西二阙，阙之上设有楼阁建筑。沿神道向北设有华表、石马、朱雀、石人、石碑、神像等，向北到达朱雀门。门外设有石狮、石人，门内设有祭祀用的献殿，献殿的北面就是地宫。绕地宫和主峰的陵墙近似于方形，四面设有门址，门外设有石狮，陵墙的四角有角楼。

乾陵

帝王的棺木与地宫

根据史料记载以及目前的考古发掘可知，汉初以前帝王墓穴和棺木多以石质为主，西汉时期开始使用木材，东汉以后，棺椁皆使用木材制成。地宫主要以砖石发券垒建而成，不过唐代却是直接在开凿的山洞中营造。宋代之前的地宫中多绘制有墓主生前活动的场景。明代地宫则是用巨大的条石垒成。地宫内部设置多与地面宫殿建筑形制相同，由多个相连的墓穴表示生前所居的庭院，地宫一般装饰得较为华丽。

图国
典粹

建
筑

　　长陵，是明成祖朱棣的陵墓，建于明永乐七年（1409），位于今北京昌平区的天寿山主峰前，是明十三陵区的第一陵。长陵由宝顶、方城明楼和用来祭祀的祭殿祾恩殿组成。宝顶的墙为城墙的形式，覆盖着地宫，宝顶前面的正中部分为方台，上有碑亭，下面的称方城，上面的称为明楼。宝顶的前面是三重庭院。

　　祾恩殿位于长陵的第二进院落内，是一座面阔九间的重檐庑殿顶，下设三层白石台基，周围围有汉白玉护栏。祾恩殿的面积大约相当于太和殿，殿内有32根金丝楠木明柱支撑，其他建筑构件如梁、檩等也都是由楠木制成，它也是中国现存最大的木构殿宇。明嘉靖年间，此殿被定名为祾恩殿，意为感恩受福。

长陵方城明楼

长陵祾恩殿

144

神功圣德碑通常是一块巨大的碑石，碑下有赑屃，碑上篆刻着帝王一生的功绩。但此碑并不是任何帝王都可以树立的，有失国之尺地寸土者，便不得树此碑。清代的顺治、康熙、雍正、乾隆、嘉庆五位皇帝，在政治上取得了一定的成绩，所以在墓前都立有神功圣德碑。但到了道光皇帝时，在鸦片战争中大失国土，他下令从本朝起不再树神功圣德碑。

述圣绩碑也是记述已故帝王功德和圣绩的碑。如唐代乾陵墓前就立有述圣绩碑，碑文为女皇武则天撰写，主要记述唐高宗李治的功德。下马碑是每个陵墓前都要设立的石碑，碑上多刻有"官员人等至此下马"，行经这里的人都要下马、下轿，以示对也故帝王的尊敬。

明十三陵定陵神功圣德碑

碑正面为《大明长陵神功圣德碑碑记》。碑文由明仁宗朱高炽撰写，内容列述了明成祖朱棣在位时取得的丰功伟绩。石碑的背面是清乾隆皇帝于1785年撰写的《哀明陵三十韵》，内容记述了长陵、永陵、定陵等几座陵墓残破的状况。碑东侧有清政府修明陵花费记录，西侧是嘉庆皇帝论明亡国教训的文字

江苏省南京市紫金山南麓独龙阜玩珠峰下的明孝陵，是明开国皇帝朱元璋及其皇后马氏合葬的陵墓，也是中国古代规模最大的帝王陵墓之一，据说这里是朱元璋亲自选定的陵墓地址。明孝陵是明初建筑艺术的最高成就，被推为明陵之首，其建筑形制影响了明清两代帝王陵寝的布局及规制。

　　明孝陵从明洪武十四年（1381）开始修建，洪武十五年（1382）马皇后去世后葬入此陵。因马皇后谥"孝慈"，所以此陵被称孝陵。朱元璋病逝后，又与马皇后合葬于此。明孝陵的建造工程一直持续到明永乐三年（1405）。

　　明孝陵以规模宏大著称，陵园北靠钟山，南至孝陵卫，东到灵谷寺，西到南京城墙，陵垣周长达22.5公里，陵园呈封闭式。当时陵园内亭台楼阁相接，并放养有数千头驯鹿，园内遍植松柏，气势非凡。陵园总体布局可分为两大部分：一是导引陵墓建筑的神道，神道两侧立有石兽、石人等；二是陵寝的主体建筑，即朱元璋及马皇后合葬的地方。门内四方城上有朱元璋之子，即朱棣皇帝所立的"大明孝陵神功圣德碑"。

　　明孝陵的神道、祭享区和内宫区三殿式布局方式，一直被沿用，只不过之后的北京的明十三陵是十三座帝王陵寝共用一个神道。此外十三陵主体部分分设两区的格局，与明孝陵大同小异。

　　因为明清更替，以及清末的太平天国运动等原因，明孝陵的大部分建筑已被毁坏，如今仅存下马坊、碑亭、石兽、望柱、石翁仲、"治隆唐宋"碑殿，以及四方城、宝城等古迹，纵深仅2.62公里，这些仅是陵园的最后部分。

江苏省南京明孝陵神道两侧的石像生

寺庙

"寺"在秦以前指官舍。佛教传入中国后，供西方来的高僧居住的地方被称为寺，于是"寺庙"就成为中国佛教建筑的专用称呼。中国的寺庙建筑最初起源于印度寺庙建筑，之后才形成了独具中国特色的寺庙建筑。

中国最早的寺庙建筑可以追溯到东汉，据史书记载，洛阳白马寺是中国的第一座佛教寺院，建于东汉明帝永平十一年（68）。寺庙建筑开始兴盛于两晋南北朝时期，北魏时期郦道元《水经注》中记载了当时佛教流传的盛况："京邑帝里，佛法丰盛，神图妙塔，桀跱相望，法轮东转，兹为上矣。"当时最流行的寺庙形式为石窟寺形式，这也是起源于印度的一种佛教建筑形式。石窟寺指在山崖上开凿出的窟洞型的佛寺，里面雕有佛像或绘有佛教壁画，被认为是雕塑艺术和绘画艺术的结合品。石窟寺多设在崇山峻岭之中，且多选在僻静的地方。

山西省云冈石窟

云冈石窟始建于北魏，是南北朝时期中国石窟艺术的杰出代表。石窟依山凿成，东西绵延约一公里，分为东、中、西三部分。东部以造塔为主，又称塔洞，中部石窟每个分前后两室，正中设佛像，洞壁及洞顶有浮雕佛像，西部以中小石窟或小佛龛为主

甘肃省敦煌莫高窟

　　敦煌莫高窟俗称千佛洞，在甘肃敦煌县东南 25 公里处。洞窟凿于鸣沙山东麓断崖上，上下五层，南北长约 1600 多米。建于前秦建元二年（366），至唐武则天时，已有千余窟。现保存北魏、西魏、北周、隋、唐、五代、宋、西夏、元各代壁画和塑像的洞窟 492 个，壁画 45000 多平方米，彩塑 2415 身，唐宋木结构建筑 5 座，莲花柱石和铺地花砖数千块，是一处由建筑、绘画、雕塑组成的综合艺术体

中国的石窟寺大多设在北方的黄河流域，这一时期具有代表性的石窟寺包括敦煌莫高窟、永靖炳灵寺石窟、天水麦积山石窟、武威天梯山石窟等，形成以凉州（今甘肃武威）为中心的地域风格。隋唐一直到宋，都继承了之前开石窟寺的历史，

隋唐至宋的著名石窟寺包括广阳北石窟寺、洛阳龙门寺、安阳宝山灵泉寺、邯郸响堂山、太原天龙山、黄陵千佛寺石窟、富县石泓寺石窟等处。

　　随着东汉以后佛教的兴起，佛教建筑也越来越多，除了石窟外，也开始在地面修建寺庙建筑。早期的寺庙建筑多以塔为主。随着佛教的广泛传播，寺庙建筑也越来越奢华，同时也有不少富户

《晴峦萧寺图》李成（五代至北宋）

　　这幅画在山峰掩映中的就是五代至北宋时期的寺庙建筑。寺庙建在山峦之中，建筑高大宏伟，最突出的是佛塔建筑

或达官贵人舍家为寺或捐建寺庙，《三国志》中记载，汉末丹阳人笮融"大起浮图祠……重铜盘九重，下为重楼阁道，可客三千许人，悉课读佛经。"唐宪宗元和年间，僧人法兴建"三层七间弥勒佛大阁，高九十五尺，尊像七十二位，圣贤八可龙王，馨从严饰"。在历朝历代的文献记录中，几乎都有大兴佛寺的记载。

寺庙因为佛教的发展，又可以分为汉传佛教寺庙和藏传佛教寺庙，在元代前期，以汉传佛教寺庙最多，清代时，藏传佛教寺庙增多。

浙江省杭州径山寺内的钟楼

陕西省西安大兴善寺天王殿

大兴善寺位于陕西省西安城南小寨兴善寺西街，始建于西晋武帝年间，初称遵善寺。隋文帝杨坚开皇二年（582），在遵善寺的基础上扩建，寺名改称大兴善寺。隋文帝及唐玄宗年间，曾有不少高僧在此讲解并翻译佛经。大兴善寺内的建筑依次为山门、天王殿、大雄宝殿、观音殿等。天王殿为重檐歇山式屋顶，上覆琉璃瓦

汉传佛教寺庙又可以分为官署式和民居式两种形式，受中国传统思想影响，这些寺庙都严格遵循等级序列，将尊卑等意识渗透到建筑的所有层面。

汉传佛教寺庙的建筑布局完全承袭了中国古代建筑的方式，采用纵轴式对称进行排列。以殿为主的寺庙建筑中，大殿居中，大殿左右有对称的配殿。寺庙无论大小、规格高低，都是按照这种形式建造。规模较大的寺庙，多以中轴线为基准，纵向或横向延伸。唐宋之后，由禅宗提出的"伽蓝七堂"寺庙格局，被推崇为寺庙建筑的典范，即沿中轴线由南向北，依次为山门、天王殿、大雄宝殿、法堂等正殿，在正殿左右对称布置伽蓝殿等配殿。

寺庙的建筑多坐南朝北，总体布局为沿中轴线上从前到后，依次排列主要的佛殿法堂，东西两侧为次要的配殿。在建筑的排列上，受中国封建等级思想影响，按照地位进行排列。寺庙中轴线的最前端为佛寺山门，又称三门。山门内左右两边有钟鼓楼。汉传佛教寺庙的山门正对着天王殿。天王殿的后面大雄宝殿，也是寺庙中的核心建筑。大雄宝殿内供奉释迦牟尼佛像。过了大雄宝殿后，寺庙的建筑布局会有所不同，有的大雄宝殿后面为供奉观音菩萨的观音殿，也有的是法堂。法堂是寺院演说佛法、皈戒集会的地方，一般建在大殿之后，是寺庙中的主要建筑之一。中轴线再往后，是为专门收藏经书的藏经阁或藏经楼。

江苏省扬州焦山定慧寺的山门

早期的寺庙为了避开世俗干扰，一般都建在山林之间，所以就称为山门，后世人把寺庙建在市井之中寺庙的大门，也称为山门。山门有三个门，中间的一扇较大，两边的较小，所以又称"三门"，象征"三解脱门"，即"空门""无相门""无作门"。三座门常盖成殿堂寺，或中间的一座为殿堂式，称山门殿或三门殿

除了中轴线上的建筑外，东西两侧都有附属建筑。在大雄宝殿的西侧一般建有供奉某一宗派创始人的祖师殿。在大雄宝殿的东面或法堂的东面有东配殿，称之伽蓝殿，供奉维护佛教的佛教人士。有的寺庙建有供奉地藏菩萨的地藏殿，一般在中轴线的左侧。除了以上提到的建筑外，还有供奉罗汉的罗汉堂、供奉千佛的千佛阁等。

江苏省南京古鸡鸣寺天王殿

天王殿是寺庙中轴线上第一重大殿，天王殿正中供奉弥勒佛，弥勒佛像后供韦驮天。东西两边供四大天王

浙江省湖州法华寺大雄宝殿

大雄宝殿是寺庙的正殿，也是寺庙的核心建筑。天王殿是供寺庙中僧众集中修持的地方。大雄宝殿前的场地一般摆放有香炉，有些寺庙的大雄宝殿正门左右两边种有松、柏等

　　藏传佛教寺庙建筑又分藏式喇嘛庙、汉藏结合式喇嘛庙、藏传佛教汉式喇嘛庙三种不同的寺庙。

　　藏式建筑的喇嘛庙，是西藏地区主要的佛教建筑，藏传佛教的喇嘛庙外形为平顶梯式，一般在山坡的平地上建成，寺庙周围有高大的围墙环绕。建造材料以石头为主，窗子不大，在外墙上多饰有横向的装饰纹样，也有的绘有假窗增加墙面的变化。与汉传佛教寺庙建筑不同，藏传佛教喇嘛庙并不讲究沿中轴线布局。整体来看，喇嘛庙内设有大殿、扎仓、康村、拉让、辩经坛、转经道（廊）等建筑。大殿、扎仓等主要建筑的位置突出，其他殿宇环列周围。殿堂沿山而建，高低错落，布局灵活。著名的藏式喇嘛庙包括拉萨的布达拉宫、日喀则的扎什伦布寺等。

西白宫　　　时轮殿　红宫　　金顶区　西大殿　　东大殿　　东白宫　阶梯

西藏自治区拉萨布达拉宫

　　布达拉宫位于西藏自治区拉萨西北的玛布日山（红山）上，是一座规模宏大的宫殿式建筑群，始建于公元7世纪，是西藏现存最大、最完整的古代宫堡式建筑群。

　　布达拉宫依山而建，从红山南边山腰起基，依山势层层叠叠修筑到山顶。布达拉宫由"雪""宫堡"和"林卡"组成。"雪"位于"宫堡"的前面，是一座近似方形的城堡，"林卡"在"宫堡"的后面，是一座围绕龙王潭修建的园林式建筑。

　　宫堡是布达拉宫的主体建筑，由白宫和红宫组成。白宫因外墙白色而得名，这里是达赖喇嘛生活、起居的场所，共有七层。顶层为达赖喇嘛的寝宫"日光殿"，日光殿又分东日光殿和西日光殿，日光殿也是达赖喇嘛处理政务的地方。白宫最大的东大殿，位于第四层，内设达赖喇嘛宝座，达赖喇嘛坐床、亲政大典等重大活动都在这里举行。白宫外围有"之"字形山道，东侧半山腰有一块宽阔的广场，广场两侧有僧官学校。

　　红宫位于整体建筑中间，供奉佛像有数千尊。西大殿是红宫最大的殿，由四十八根方柱组成，西大殿也是五世达赖喇嘛灵塔殿的享堂。

　　布达拉宫供奉的佛像包括释迦牟尼佛像、无量寿佛、观音像、绿度母、白度母像等，佛像造像形式，包括彩绘、泥塑、木雕、石刻佛像、金铜佛像，其中又以金、银、铜佛像数量最多。

图国粹典
建筑

汉藏结合式喇嘛庙大部分是明清时期修建的。在建筑布局上，受汉传佛教寺院影响较大，一般在中轴线布局上有山门、天王殿、大雄宝殿等。建筑主体结构采用木结构，顶端有歇山式屋顶。同时这些寺庙建筑又有藏式建筑特点，在寺庙建筑装饰的细节上，多采用藏式喇嘛庙特有的装饰图案。汉藏结合寺庙多分布在河北、青海、甘肃、内蒙古等地，著名的包括河北承德普宁寺、普佑寺、安远庙、普乐寺，青海西宁的塔尔寺，内蒙古海拉尔的甘珠尔庙、古达茂旗的百灵庙大经堂、包头土默特右旗的美岱召大经堂等。

藏传佛教汉式喇嘛庙，总体布局与汉传佛教寺庙相同，一般采用"伽蓝七堂"制，寺庙中轴线上，有山门殿、天王殿、大雄宝殿、后殿、法堂、罗汉堂、观音殿七堂。在局部装饰、彩画、屋顶的鸱吻兽头等方面，体现藏式喇嘛庙的特点。藏传佛教汉式喇嘛庙，著名的有山西五台山的罗喉寺、北京的雍和宫以及沈阳的实胜寺等。

河北省承德避暑山庄外八庙之普乐寺

河北省承德普乐寺建造于乾隆三十一年（1766），占地面积 2.17 万平方米。普乐寺前半部分为汉式，后半部分为藏式，在外八庙中，以特有的建筑装饰和佛像而闻名。

普乐寺山门为单檐歇山顶，山门内有钟鼓楼。天王殿内有四大天王、大肚弥勒佛和韦驮像。正殿宗印殿内供奉释迦牟尼佛、药师佛、阿弥陀佛。三尊佛后各有一只大鹏金翅鸟，两侧有八大菩萨塑像。

普乐寺后半部藏式主体建筑为经坛，是集会讲道祭祀之所。共有三层，主殿称"旭光阁"，阁内建有中国最大的立体"曼陀罗"模型，其上供奉密修本尊——上乐金刚像

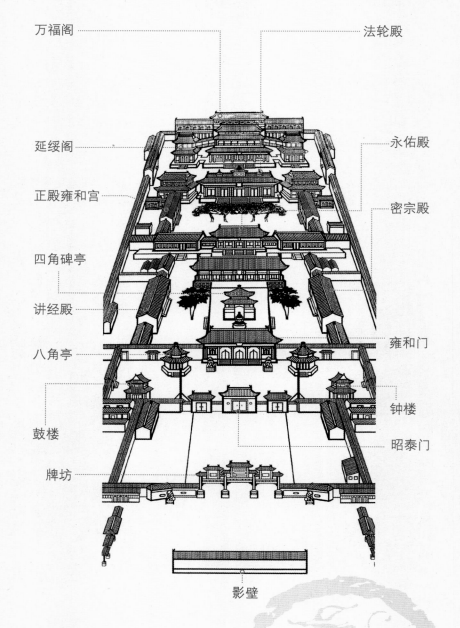

万福阁　　　　　　　　　　　　　法轮殿

延绥阁　　　　　　　　　　　　　永佑殿

正殿雍和宫　　　　　　　　　　　密宗殿

四角碑亭

讲经殿

八角亭　　　　　　　　　　　　　雍和门

　　　　　　　　　　　　　　　　钟楼

鼓楼　　　　　　　　　　　　　　昭泰门

牌坊

影壁

北京雍和宫示意图

　　雍和宫，位于北京市区二环路东北角，建于清代康熙三十三年（1694），是清世宗雍正（胤禛）即位前的府邸，雍正三年（1725），改王府为行宫，称雍和宫。乾隆九年(1744)，雍和宫改为喇嘛庙。雍和宫规模宏大，巍峨壮观，由牌坊和天王殿、雍和宫大殿（大雄宝殿）、永佑殿、法轮殿、万福阁等五进大殿组成，另外有东西配殿和"四学殿"（讲经殿、密宗殿、药师殿、数学殿）。

道观

道教是发源于中国本土的宗教。道观是各类道教建筑的总称，又被称为宫观，是供道教徒们修炼、传道以及举行宗教仪式和日常起居的场所。道教修炼讲究"清静无为""离境坐忘"，大部分道人多选择在名山大川、人迹罕至的地方修道，道观也一般位于空旷、安静的山林中。但有些道观也设在大都市中。

南北朝时期，道教影响开始扩大，道教的建筑规模也随之变大。这一时期的道教建筑被称为"馆"。唐宋时期，道教被统治者大力推崇，尤其是唐代的唐玄宗、宋代的宋徽宗对道教备加推崇，因此皇室出资兴修了不少道教建筑。皇室出资修建的或规模较大的建筑被称为"宫"，其他的称之为"观"。明代皇帝对道教也十分推崇，并于永乐年间在武当山大修道教建筑。清代道教建筑没落。

与中国传统建筑一样，道教建筑以木结构为主。其建筑布局遵循阴阳五行之说，建筑坐南朝北，分布在以子午线确定的中轴线上，布局讲究对称，选址重视风水的选择。道观的周围环境多幽静，一般建在依山傍水的山峦之中，道观内的建筑也追求与自然环境融合。除此之外，道观建筑的屋顶曲线多为反翘式。立于中轴线上的主体建筑神殿，是供道人活动的主要场所。殿内供奉有神像。中轴线左右两侧多为膳堂，膳堂建筑包括客堂、斋堂、厨房、储藏室等，

静室与"二十四治"

道观最早被称为"静室"，其实就是一间或几间简易的茅草屋，东汉末年，被奉为道教创始者的张道陵就曾率领弟子们在静室中修行。道教创立后，据《广弘明集》中说："张陵谋汉之晨，方兴观舍……杀牛祭祀二十四所，置以土坛，戴以草屋，称二十四治。治馆之兴，始乎此也。"张道陵为统率教民，建立了"二十四治"，即二十四个传教点，也是祭祀神明和管理教民的核心机构。每一"治"还设有"祭酒"等教职人员主持教务。张道陵在"治"所推广静室，让道民在内精思忏悔，并且授予道箓，以区别道民的层次。二十四治又分上八治、中八治、下八治，应二十四节气。治的设立使道教形成庞大的宗教组织。

甘肃省武威雷台观三星高照殿

雷台观位于甘肃省武威市城北，是明代修建的道教宫观，修建在晋代修筑的高约8.5米的雷台上。观内的主要建筑包括风神殿、雷祖殿、三星高照殿等。三星高照殿为三重檐式建筑

是供道人及访客休息和进食的地方。宿舍是供道士、客人等住宿的地方，布置较为灵活，有的分布在中轴线两侧，也有的是单独的院落。除这三大部分外，还有的建筑利用地形，在建筑群附设楼、阁、台、榭等，组成以自然风光为主的园林。

道教将追求长生不老、升天成仙等理想也融入道教建筑中，如寓意长寿的松柏、龟、鹤、鹿等，也有的将传说中的神话故事作为建筑装饰题材，如"八仙过海""八仙庆寿""麻姑献寿"等等。这些建筑装饰对中国传统建筑产生了极大影响，其中有不少成为传统建筑装饰中常用的题材。

塔、经幢

塔

塔原是一种古印度佛教特有的建筑物，梵语称为"Stupa"，我国早期译作"窣堵波""塔婆""浮屠"等，晋代译经者始创"塔"字。塔的用途是供奉或收藏佛骨、佛像、佛经、僧人遗体等。佛教传入中土后，佛塔也在各地陆续出现。早期的佛寺建筑中，一般建筑布局为前有寺门，门后为塔，塔后建有佛殿，塔为寺的主体建筑。这种建筑布局与印度的相同。到唐代，寺殿逐渐成为佛寺的主要建筑，出现了专门的塔院，宋代大规模的佛寺内多在佛殿后建有塔。

早期的塔与中国的楼阁相结合，多为木结构楼阁式塔。南北朝时期的木塔一般都建在高大的台基或须弥座上，塔身从下到上逐层减小。不过因木塔容易腐烂，又易燃烧等缺点，所以砖造或石造的密檐式塔开始出现。唐代早期的塔平面多为方形，内为空筒式，有楼阁式、密檐式及单层塔三种类型。与之前的塔相比，唐代的塔都不设基座，塔身极少大面积地装饰。唐代后期的塔形状由方形变为六角形至八角形，塔的内部也出现了回廊式。宋代的塔除了之前的楼阁式、密檐式外，还出现了外部呈密檐式、内部为楼阁式的塔，此外还有造像式塔、

宝箧印式塔、无缝塔、多宝塔等。塔每层建筑外有腰檐、栏杆、飞檐、游廊等。塔的平面有六角形、八角形，也有四边形。辽塔以实心密檐式最为常见，建筑材料多为石或砖，塔的门和窗采用拱券式，门窗上多篆刻有经文或雕有佛像。金代修建的塔多为仿造唐塔或仿造辽塔，并出现了最早的金刚宝座式塔。元代皇帝推崇藏传佛教，在印度广泛流行的窣堵坡式塔被引入中国，称覆钵式塔。明清时期修建的塔是在宋、辽基础上发展起来的，塔的种类和形式较为齐全，如楼阁式塔、密檐式塔、覆钵式塔、金刚宝座式塔、宝箧印式塔、五轮塔、多宝塔、无缝式塔等形

山西省五台山金塔

态结构各异的塔都曾被建造。此外还出现了为改善风水而修建的文峰塔。文峰塔形式不拘一格，它的出现也带动了明清筑塔的高潮。

塔一般由地宫、塔基、塔身、塔刹等几部分组成。地宫位于塔基之中，外表看不出来，却是塔最重要的部分。名塔的地宫中多保存有舍利函。塔基指塔的基座，包括基础和基座两部分，上下相连。早期的塔基较矮，唐代以后塔基逐渐抬高。须弥座式塔基出现在辽金时期，后又出现了两层式须弥座。塔身是指塔的中段，也是塔的主体部分，塔层一般为奇数，有的塔身上开有门洞，早期多为方门洞，后出现拱券门。塔刹位于塔的顶部，由刹座、宝顶、伞盖、相轮、仰月等几部分组成，有的只有其中的几部分，外形也各不相同。

山西省应县佛宫寺释迦塔

山西省应县佛宫寺内的释迦塔是中国现存最早、最高大的阁楼式木塔，又被称为应县木塔。该塔建于辽清宁二年（1056），位于佛宫寺山门与大殿之间。此塔平面为八角形，高九层，下面有4米高的两层石砌台基。塔内外两层立柱，构成双层套筒式结构，柱头间有栏额和枋，柱脚间有地袱等水平构件，内外槽之间有梁枋相连接，使双层套筒紧密结合。塔各层都有平座和走廊，可以供人游走

最早的楼阁式塔源于中国传统建筑中的楼阁，在历史上建造的楼阁式塔的数量也最多。平面有正方形、六角形、八角形以及十二角形等多种形式，建筑材料有木、砖、石、琉璃等。

亭阁式塔是一种比楼阁式塔简化的塔，平面以方形居多，也有八角形、六角形和圆形的，有的是砖塔，也有的是石塔。亭阁式塔宋、辽、金时较为流行，元代以后几乎绝迹。现存的亭阁式塔一般是僧人的墓塔。

密檐式塔一般多建在中国的北方地区，在隋唐时期多为四方形，辽、金时期开始出现八角形。密檐式砖塔一般为实心建筑，不能登上，造型比较统一，一般下部有须弥座，底层较高，上面的各层高度缩小，外面不设门和窗户，有的设有小孔。

覆钵式砖塔是藏传佛教用的宝塔形式，又被称为喇嘛塔。塔身如同覆钵，体上设有塔刹，塔身下设有须弥座。

金刚宝座式塔起源于印度，后传入中国。其形制是在高大石质台基上建五座密檐式小塔，中间的塔体积较大，四角的塔体较小，在塔座和塔身上饰有大量的装饰雕刻。我国目前仅保存有五座金刚宝座式塔，其中包括北京大正觉寺金刚宝座塔、北京西黄寺清净化城塔以及昆明官渡金刚塔等。

河南省登封嵩岳寺塔

登封嵩岳寺塔位于河南省登封嵩山南麓，是中国现存最古老的密檐式砖塔，始建于北魏正光四年（523）。此塔平面呈十二角形，较为罕见，塔高39.5米，底层直径约10.6米，内部空间直径约5米，壁体厚2.5米。塔下设四门，拱券形大门上设有尖形券面装饰。塔的中部用挑出的砖叠涩将塔身划分为上、下两段，下段除设有门的四面外，其余八面是素砖面。上段塔身各砌有一个单层的壁龛，角上砌有角柱，柱下有砖雕莲瓣形柱础。塔身以上有叠涩做成的15层密接塔檐，未使用斗栱

159

北京北海白塔

　　北海白塔建在北海琼岛上，是清顺治帝在西藏喇嘛诺门汗的提议下修建的。白塔高 35.9 米，由塔基、塔身、宝顶组成。塔基为砖石结构的须弥座，座上设三层圆台。塔身南面设有装饰精美的佛龛，称"眼光门""时轮金刚门"。上部为相轮，顶部为流金宝顶，宝顶的束腰处有动物、花草图案。塔内设有九丈高的通天柱

北京大正觉寺金刚宝座塔

　　大正觉寺内的金刚宝座式塔修建于明成化九年（1473），据记载是根据印度僧人带来的"佛陀迦耶塔"（佛祖得道处伽耶山寺修建的纪念塔）的样式修建，但整体造型和细部处理上采用了中国式样。此塔底建基为须弥座和七层佛龛组成的矩形高台，上部为五座密檐式塔。五塔中央的最高，四角的四座较小。台座南面设有拱门

经幢

经幢是在唐代中叶出现的佛教建筑的新类形，即刻着佛号或经咒的石柱，起源于佛经记载，大约是在《尊胜陀罗尼经》传入我国之后。"幢"原本是指在立于佛像前用珠宝丝帛等装饰的竿柱，后来改为石柱，一般立在佛殿前的庭院中，是永久性建筑。据日本僧人圆仁所著《入唐求法巡礼行记》中记载，他于唐文宗开成五年（840）路过思阳岭时曾见到尊胜陀罗尼经幢，幢上篆有佛顶陀罗尼及序言。唐末五代及宋代时，经幢的建筑发展到高峰时期，数量很多，形制不一，元代以后经幢的建造开始没落。

经幢分幢顶、幢身、基座三部分，高低不等，有两层、三层、四层、六层等，平面有的为四角形，也有的是六角形或八角形。幢身在基座之外，之间饰有莲座或天盖，幢身上刻有题额或愿文，下刻经文，有的雕有佛像。

北京北海西天梵境石经幢

北海西天梵境的左右两侧各立有一座两层汉白玉雕经幢，上面刻有经文，幢顶部雕有佛像

图国
典粹

建筑

牌坊的历史可以追溯到原始社会氏族聚居时期。为了防范野兽或外人的攻击，就在居所四周用壕沟围起来，从半坡遗址中也能看到简单的防护墙，墙上设有供人出入的简单的门形设施，即竖立两根柱子和一根横梁。这样简单的门逐渐构成了古代的衡门。关于衡门的文字记载最早见于诗经。《诗经·陈风·衡门》中说："衡门之下，可以栖迟。"《汉书·玄成传》中记载："使得自安于衡门之下"，唐代颜师古《汉书注》中注解："衡门，横一木于门上，贫者之居

也。"这里所说的横门，就是两柱上架一根横木构成的门。仅就其结构而言，衡门被认为是牌坊的雏形。

从春秋至汉代，我国古代城市的里坊制度逐渐确定。这一时期，统治者们将全城分割成若干个封闭的居住区，居住区在唐以前称"里"，唐代及以后称为"坊"。关于里坊制，《旧唐书·职官志》中明确记载道："有百户为里，五里为乡。两京及州、县之郭内分为坊，郊外为村。里及坊、村皆为乡。"在里坊入口处设有坊门，门上书有坊名，起到里坊标记的

《南都繁华图》[局部]佚名（明）

在此图的左下方，牌坊设在路口，起到指示的作用。从画面上看，图中的牌坊为三间四柱式牌坊，建筑形式较为复杂

北京颐和园苏州街的冲天式牌楼门脸

　　清代时的冲天式牌楼又被用作商店的门脸，如北京颐和园内 300 多米长的苏州街上，河两岸的商铺前共设有 19 座冲天式牌楼门脸。这种清式门脸牌楼的楼柱要比一般的牌楼要高得多，据说又被称为风水柱

作用，同时也有指示地名的作用。据记载，汉代时一旦在坊里出现了好人好事，就要在坊门上张贴褒奖启事，称"榜其闾里"，这样坊门就起到表彰的作用。

　　北宋中叶时，随着商品经济的不断繁荣和发展，原先的里坊制度被打破，坊墙逐渐被拆除，坊门失去了供人出入的作用，而仅仅成为一座装饰性的标志建筑，其建筑形式也变得越来越复杂。从最初坊门为一间两柱式木建筑，逐渐发展到在柱子上加屋顶的形式（柱子上加屋顶的称牌楼）。虽然牌坊已经成为独立于里坊之外的一种建筑，但它依然保留着表彰和标志的功能，还能起到装饰

作用，所以牌坊的应用范围开始逐渐扩大，庙宇、衙署及园林的入口处等都能见到牌坊。

　　按形制特征来分，牌坊可分为柱子出头、柱子不出头两种形式。柱子出头式牌坊中的典型代表为冲天式牌楼，每根楼柱都"冲"出脊外，柱顶覆以云罐（也称毗卢帽），以防风雨侵蚀木柱。古牌楼云罐有瓦制、琉璃制的，上面多装饰有精美的纹饰。柱子不出头式牌楼，即牌坊的最高处为明楼的正脊。

　　最初的牌楼多为两柱一间，无论是柱子出头或柱子不出头单间牌坊，都是牌坊中最简单的形制。之后又衍生出多

北京天坛棂星门式石牌楼

　　棂星门式石牌楼多用于礼制坛庙，如北京天坛、地坛等，形制上分一门两柱式、三门六柱式两种。这种牌楼的种类和方位的不同是根据坛门祭祀的对象不同而设计的。坛庙牌楼的柱子呈桃形，楼顶没有火焰。天坛向北祭拜，四周为三门牌楼，地坛向南祭拜，北向的主进口为三门牌楼，剩下的都是单门牌楼

柱多间大牌坊和多柱多间多楼大牌楼，一般柱为双数，楼为单数，如一间二柱、三间四柱、五间六柱等，顶上的楼数则有一楼、三楼、五楼、七楼等。此外楼顶也借鉴不同的形式，划分为庑殿式、悬山式、硬山式等几种形式。

　　按照建筑材质分，牌坊又可以分为木牌坊、石牌坊、琉璃牌楼等。木牌坊是用木材建成，也是中国最早出现的牌坊。元代之前的各类坊门以木牌坊为主。石牌坊是指全部用石料制成的牌坊，因为石牌坊抗腐蚀性较好，不怕雨淋，所以一般做成冲天式牌坊。

琉璃牌楼指外表贴有琉璃面砖的牌坊，但骨架内部一般设有木柱子、木额枋，牌楼的轮廓则用砖砌成。琉璃牌楼一般设在大型寺庙建筑山门之前。此外还有棂星门式牌楼。

　　按照牌坊的功能来分，又可以分为标志坊、功德坊、节烈坊等。标志坊是立在有纪念意义的地方，是一种标志性建筑，这也是目前保存下来的数量最多的牌坊。功德坊是皇帝为了表彰那些为朝廷立下功劳的大臣或取得功名的人，亲自下旨令地方官员在其家乡建筑的一种牌坊，以示皇恩浩荡，同时也能起到

北京北海公园"积翠"木牌楼

　　北海永安石桥南端设有一座"积翠"牌楼，为不出头式牌楼，柱下有一对石狮守护。在永安石桥的北端还有一座"堆云"牌楼，结构与"积翠"牌楼相同。牌坊用木材建成，基础以上各根柱子下部用夹杆石包住，外面用铁箍束缚。牌楼顶部设有楼顶、斗栱、大小额枋、匾额和云墩雀替、戗杆等，牌楼的顶部由绿琉璃瓦覆盖

北京国子监琉璃牌楼

　　国子监琉璃牌楼是一座标志坊，为七楼三洞式，也是国子监中最重要的建筑辟雍的正门。辟雍是皇帝讲学的地方，从清康熙皇帝开始，即位之后必须要在此地讲学一次。所以此琉璃牌楼规格极高，非常精美。牌楼下设汉白玉须弥座，三座汉白玉雕花拱形门洞，牌楼上饰有精美的雕刻图案

教化乡民的作用。功德坊按照表彰的内容，又可以分为功名坊和道德坊。功名坊主要是为了表彰某人的功名成就，如安徽省潜口镇唐模村的"同胞翰林"坊。道德坊主要是为了表彰某人的德行而树立的牌坊，多由皇帝下旨命地方官员建造，或当地人士集资建造，并由地方官员申报朝廷批准。前者如安徽省歙县解放街许国牌坊，就是朝廷为了旌表少保兼太子太保、礼部尚书许国而立。节烈坊是为表彰忠臣、孝子、贞节烈女而立，以表彰妇女贞节的牌坊最为常见。

安徽省歙县棠樾牌坊群

　　棠樾牌坊群共有七座牌坊，分别为慈孝里坊、汪氏节孝坊、吴氏节孝坊、逢昌孝子坊、鲍象贤尚书坊、乐善好施坊、鲍灿孝行坊。这七座牌坊无论从东往西数，还是从西往东数，都是忠、孝、节、义的顺序。其中明建三座，清建四座，最早的一座牌坊"慈孝里坊"建于明永乐十八年（1420）。据史籍记载，历史上棠樾共有十座牌坊，其中三座于民国前后倒塌

桥梁

中国境域内河道纵横交错，在历史上曾经修建了无数桥梁。这些桥梁成为中国建筑的重要组成部分，也是地域文化艺术的综合体现。概括地说，桥是一种为跨越水面和峡谷而修建的人造通道，其历史可以追溯到春秋时期。《诗经》中有"维鹈在梁，不濡其翼"、"造舟为梁，不显其光"的句子。"梁"指的就是桥梁。早期的桥梁形式较为简单，据推测可能是用木或石块横在河流中的桥墩上。

桥的整体结构包括上部结构的桥身和桥面，下部结构的桥墩、桥台和基础。桥有四种基本形式：梁桥、浮桥、索桥和拱桥。按照建筑材料细分，又可以分为木桥、石桥、砖桥、竹桥、盐桥、冰桥、藤桥、铁桥、苇桥、石柱桥、石墩桥等，按照构造形式分，又可为漫水桥、伸臂式桥、廊桥、风雨桥、竹板桥、石板桥、开合式桥、曲桥、纤道桥、十字桥以及栈道、飞阁等。

梁桥

梁桥又被称为平桥、跨空梁桥，即以桥墩为支撑，在上面架梁并平铺桥面的桥，也是中国桥梁史上较早出现的梁桥。梁桥根据建筑材料的不同，可分为木梁桥、石梁桥或木石混合式梁桥。中

福建省泉州洛阳桥

福建省泉州的洛阳桥又称"万安桥"，始建于北宋皇佑五年（1053），嘉佑四年（1059）年完成，坐落在泉州城东北洛阳江入海的江面上。据记载当时建成的洛阳桥长达1200米，宽5米，被誉为"天下第一桥"。现存桥长731米。洛阳桥也是中国目前现存最古老的多孔跨海梁式大石桥

小型石梁桥或石板桥，构造方便，材料耐久，又便于维修，所以是最为常见的桥形。按桥墩来看，无桥墩的称单跨梁桥，水中有一个桥墩，桥身形成两孔，就称为双跨桥，若有两个桥墩以上的，称多跨梁桥。

浮桥

浮桥又称舟桥或浮航，也有的称为浮桁，是指将木筏或木船并列在水面上，船或筏上铺有木板供人通行。浮桥一般设在河面较宽或河水过深、水面起伏较大的地方。帆船通航过多的河面，出于开合方便的考虑，往往也在河面上设浮桥。浮桥在南方的浙江、江西等地较为常见。

浮桥示意图

浮桥的历史可以追溯到周朝，《诗经·大雅·大明》中记载，周文王娶妻时在渭水架起了一座浮桥。浮桥属临时性桥梁，是舟和梁的结合形式。因为架设便捷，所以浮桥常常应用于军事上。

索桥

索桥也称吊桥、悬索桥或绳桥等，是用竹索、藤索或铁索连接起来悬空的天桥，多建在不易设桥墩的陡岸或险谷处。索桥最早见于史书记载的是战国末年李冰在四川益州（今成都）城西南建成的笮桥，又称"夷里桥"。索桥的做法是在两岸建屋，屋内设系绳的立柱和绞绳的转柱，然后再用粗绳索若干根平铺系紧，再在绳索上横铺木板，有的两侧还加上一至两条缆绳作为扶栏。

索桥

不少外国桥梁专家认为索桥是中国的首创。根据《汉书·西域传》中记载，在地势险要的地方建索桥已较为常见，多"以绳索相引而度""悬绳而渡笮"

拱桥

拱桥是竖直平面内以拱作为上部结构主要承重构件的桥梁。拱桥的历史可以追溯到东汉时期。拱桥主要承重的上部结构呈曲形，所以古代又称之为曲桥。

北京颐和园玉带桥

颐和园玉带桥是一座单孔高拱形石桥，桥身采用汉白玉和青白石两种石料砌成，高约 8.7 米。桥基由青石筑成，单侧设 38 级台阶。桥两侧设汉白玉石栏、望柱，石栏上雕有鸟纹

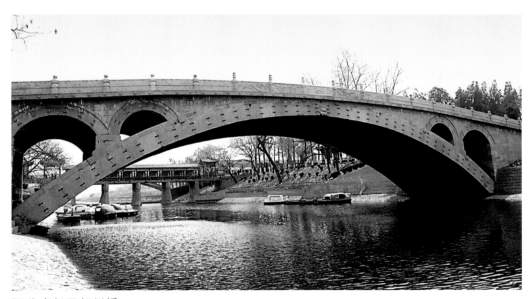

河北省赵县赵州桥

赵州桥位于河北省赵县城南的洨河上，建于隋大业年间，由著名的匠师李春设计和建造，是世界上现存最早、保存最完善的单孔敞肩式（桥两端肩部各有两个小拱，称敞肩型，没有小拱的称满肩或实肩）石拱桥，至今仍然在使用。赵州桥原长 50.82 米，现长 64.4 米，桥面宽约 9 米，跨度 37.37 米，拱矢高度 7.23 米。桥面坡度平缓，属"弓"形坦拱。桥身两侧设有雕有龙兽鸟禽的浮雕，形态逼真，桥上设有 44 根望柱

拱桥按照建筑材料分为石拱桥、砖拱桥和木拱桥，其中较为常见的是石拱桥。拱桥又分为单拱、双拱、多拱，拱的多少根据河面的宽度而定。多拱桥一般正中间的拱较大，两边的拱略小。根据拱的形状，又分五边、半圆、尖拱、坦拱。桥面上铺板，桥边有栏杆。

曲桥

曲桥桥面平整，一般用石板、栏板构成，也有木制曲桥。桥面略高出水面，栏杆略低。桥身呈多次折角式，便于游人沿桥进入水景。同时曲桥作为游园赏景的通道，也遵循"景莫妙于曲"的规律，有多达九曲的桥，形成折线，达到延长风景线、扩大景观画面的效果。

栈道

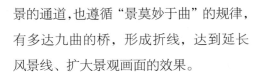

栈道是在地势险要的悬崖峭壁上凿石孔，在石孔中用木柱架桥建阁形成的道路。栈道出现的历史可以追溯到战国时期，《战国策·齐策》中载："（田单）为栈道木阁而迎王与后于城阳山中。"秦汉时期在巴蜀地区曾修建过长达千里的古栈道，后人均有维修，今人分别称之为北栈道和南栈道。

曲桥

曲桥是园林中较常见的桥的形式，又被称为"园林桥"。桥与廊一样，是园林中供游人赏景的通道，桥面上来回摆动、左顾右盼的折线，可以扩大游人赏景的景观

栈道

栈道是险绝处傍山架木而成的一种道路，除用木柱架桥建阁外，还有的在石崖上凿成台阶，形成上下攀援的梯子崖，或是在陡岩上凿成的隧道或半隧道。栈道形制较为灵活，一条栈道上可采用不同的形式。如今在一些交通闭塞的山区，依然使用栈道

参考资料：

张家骥．园冶全释——世界最古造园学名著研究．太原：山西古籍出版社，
1993
楼庆西．中国古建筑二十讲．北京：生活·读书·新知，2001
侯幼彬，李婉贞．北京：中国建筑工业出版社，2002
梁思成．中国建筑史．天津：百花文艺出版社，2005
王其钧．中国著名园林．北京：机械工业出版社，2007

国粹图典

建筑